CONGRÈS

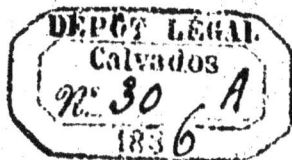

DE

DROIT INTERNATIONAL

D'ANVERS

RAPPORT

PRÉSENTÉ A LA FACULTÉ DE DROIT DE CAEN

PAR

Léon DUGUIT

PROFESSEUR AGRÉGÉ

PARIS

L. LAROSE ET FORCEL, LIBRAIRES-ÉDITEURS

22, RUE SOUFFLOT, 22

1886
C.

CONGRÈS

DE

DROIT INTERNATIONAL

D'ANVERS

« Le droit, qui va toujours se développant avec le milieu dont il émane et qu'il régit, s'est transformé comme la société elle-même. Il y a un siècle à peine, chaque canton et parfois chaque commune avaient leurs usages et leurs privilèges. Ces statuts locaux ont aujourd'hui disparu et le droit s'est fait national. C'est un progrès considérable; mais on peut espérer davantage, et j'ai la ferme confiance que ce siècle verra s'établir le droit international. Ce doit être l'inévitable résultat de la transformation des conditions économiques de l'existence, du progrès des sciences et du sentiment chaque jour mieux compris de la solidarité humaine..... A quelle époque a-t-on vu spectacle plus encourageant pour ceux qui ont foi dans l'avenir? Les nations tentant de régler, par un accord commun, quelques-uns de leurs rapports les plus importants. » Ainsi s'exprimait l'honorable président du conseil, M. Bernaërt, en ouvrant le 27 septembre 1885, au nom du gouvernement de Sa Majesté le roi des Belges, le Congrès de droit international d'Anvers. C'est en effet un spectacle consolant de voir les efforts tentés par plusieurs gouvernements et par des sociétés privées, pour arriver à une codification internationale, et, comme le dit M. Bernaërt dans un langage élevé, « pour exprimer la fraternité des peuples sur le terrain de la législation. » Le mouvement qui tend aussi à rapprocher les nations et à unifier leurs rapports juridiques, est sans contredit un des faits essentiels de notre époque. Il suffit de rappeler les congrès nombreux provoqués par l'*Association pour la réforme du droit des gens*, et l'*Institut de droit international*, qui, naguère encore, aux mois d'août et de septembre derniers, convoquaient à Hambourg (1) et à Bruxelles (2) les juristes des deux mondes ; les conférences sur la propriété littéraire tenues à Rome et à Lisbonne ; la conférence de Berne, qui devait rédiger une loi internationale des transports, mais dont une volonté puissante a malheureusement interrompu les travaux.

Le gouvernement belge a eu la grande idée de s'associer à ce mouvement ; et à l'occasion de l'exposition internationale d'Anvers, il convoquait dans cette ville un congrès, auquel il demandait de préparer un projet de loi uniforme sur la lettre de

(1) Congrès tenu à Hambourg sous la présidence de Sir Travers Twiss, par l'*Association pour la réforme et la codification du droit des gens*, août 1885. V. *Le Temps*, 15 et 20 août 1885.

(2) Session de l'*Institut de droit international*, tenue à Bruxelles, septembre 1885.

change et sur certains points de droit maritime. Au reste, aucune ville mieux qu'Anvers ne pouvait être choisie comme siège d'une conférence de droit international. Le merveilleux outillage de ses docks, l'activité commerciale de ses habitants en font un des premiers ports du monde. D'autre part, situé dans un petit pays, au carrefour des voies ferrées de l'Europe, Anvers est par la force des choses essentiellement une place de transit international; ses négociants sont les commissionnaires du monde entier; Anglais, Américains, Français, Allemands, sont souvent intéressés dans la même affaire, et le commerçant belge leur sert de trait d'union. Si l'on entre dans l'office d'un armateur ou d'un courtier d'Anvers, il n'est pas rare d'entendre la même affaire traitée entre intéressés parlant trois ou quatre langues différentes. Nulle part plus que dans la capitale flamande ne se fait sentir le besoin urgent d'unifier les législations commerciales, ou du moins d'arriver à une jurisprudence uniforme sur la solution des conflits.

Mais c'était une lourde charge que d'organiser un congrès de ce genre. Vaincre les hésitations et les indifférences qui se rencontrent même chez les premiers intéressés, organiser les sections et les commissions, déterminer les programmes, préparer la base des discussions, tout ce travail préliminaire, la commission royale belge a su l'accomplir à la satisfaction de tous. D'ailleurs, le gouvernement de Sa Majesté avait fait preuve d'une rare tolérance et d'une sage impartialité. Sans tenir compte des rivalités de partis si vives chez nos voisins du Nord, il

avait appelé dans la commission d'organisation une
élite d'hommes distingués, magistrats, professeurs,
avocats, financiers et commerçants, en un mot tous
ceux qui, par leur science théorique ou leur expé-
rience pratique, devaient apporter un utile concours
à l'œuvre commune (1).

Le Congrès ne pouvait évidemment siéger qu'un
temps relativement court. Aussi fallait-il, pour arriver à un résultat utile, que les discussions fussent
entièrement préparées. La commission belge n'a rien
négligé ; MM. Dubois, Nyssens et Missotten ont
d'abord publié une bibliographie complète du droit
maritime et du droit commercial (2) ; ils ont mis
ainsi entre nos mains un précieux instrument de
travail. Pour éviter les recherches inutiles, il importait d'arrêter un projet ou tout au moins un questionnaire qui servît de base à la discussion. La
Commission a rédigé en entier un projet de loi internationale sur la lettre de change et les autres titres
négociables (3). La section de droit maritime devait

(1) Président d'honneur, M. Bernaërt, ministre des finances,
président du Conseil ; président, M. de Lambermont, ministre
d'État ; vice-président et président de la section de la lettre de
change, M. Pirmez, ministre d'État ; vice-président et président
de la section de droit maritime, M. Jacobs ; secrétaires-géné-
raux, MM. Carlier, Biebuyck et Nyssens. Le Congrès a confirmé
le bureau provisoire ; et, sur la proposition de la commission, il
lui a adjoint plusieurs membres étrangers : Sir John Gorst, sir
Travers Twiss, M. Boselli, M. Lyon-Caen.

(2) *Sources bibliographiques*, recueillies en vue du Congrès de
droit commercial d'Anvers, Bruxelles, 1885.

(3) *Projet de loi internationale sur les lettres de change et autres
titres négociables* élaboré en vue du Congrès de droit commer-

non-seulement fixer des règles uniformes, mais encore étudier les principaux conflits que soulève la diversité actuelle des législations. Ce double travail et l'étendue du droit maritime ne permettaient pas de rédiger un projet, comme pour la lettre de change ; on a dû se borner à formuler un questionnaire visant les matières soumises au Congrès (1).

Avec ces différents travaux, les membres du Congrès arrivaient pleinement préparés, et les discussions ne pouvaient être que fécondes. D'ailleurs, la commission s'était montrée aussi judicieuse que libérale dans ses convocations. Elle avait convié les représentants des Gouvernements, des Universités,

---

cial d'Anvers, par la Commission royale d'organisation, section de la lettre de change, Bruxelles, 1885.

(1) *Questionnaire* formulé en vue du Congrès de droit commercial d'Anvers, par la section de droit maritime de la commission d'organisation. En outre, des publications importantes ont été rédigées en vue du Congrès ; nous citerons les principales : De Courcy, *L'Exagération des valeurs assurées ;* — Th. Engels, *Note sur la responsabilité des armateurs de steamers ;* — Boselli, *Le droit maritime en Italie ;* — Le Jeune, *Les clauses d'irresponsabilité des connaissements ;* — Jacobs, *Étude sur le contrat à la grosse ;* — Jacobs, *Études sur les assurances maritimes et les avaries ;* — Picard et Bonnevie, *De l'abordage, de l'assistance et du sauvetage ;* — Sainctelette, *Étude sur l'assistance maritime ;* — Barclay, *L'Angleterre au Congrès de droit international d'Anvers* (*Bulletin* de la Société de législation comparée, juillet 1885, p. 633) ; — Norsa, *Les conflits de lois et l'unification internationale ;* — Marghieri, *Notes et observations ;* — Oliver et Esteller, *Les innovations introduites en matière de lettres de change par le nouveau Code espagnol ;* — E. Guyot et Terrat, *Étude sur les lettres de change, les billets à ordre et les chèques.*

des Chambres de commerce, des Associations commerciales, des grandes Compagnies financières et maritimes (1). Presque tous avaient répondu à l'appel, et le Congrès réunissait près de deux cents membres juristes ou hommes d'affaires. Ce concours de la théorie et de la pratique restera assurément comme la marque originale du Congrès de 1885. Si parfois quelques préventions réciproques peuvent séparer les hommes de science et les praticiens, elles disparaissent bientôt quand ils se connaissent mieux ; à Anvers, il n'y a pas eu de discussions plus fécondes que celles où les uns et les autres ont travaillé ; et si le Congrès est arrivé à un résultat pratique, nous le devons à la collaboration commune des praticiens et des juristes.

Le Congrès s'est divisé en deux sections qui ont travaillé séparément. Malgré le peu de temps dont on disposait, ces travaux ont été considérables, et je ne peux que les résumer.

(1) Nous donnons le nom des membres français du Congrès: représentants du Gouvernement: MM. Gonse, Lyon-Caen et de Regny; — Faculté de droit de Paris, M. Alglave; — Faculté catholique de Paris, M. Guyot; — Faculté catholique de Lille, MM. Rothe et Selosse; — Faculté catholique d'Angers, MM. Burton et Perrin; — Société de législation comparée, MM. Maguin et Chaumat; — Chambre de Commerce du Havre, MM. Compery et de Querhoënt; — Chambre de Commerce de Rouen, MM. Boniface et Th. Powell; — Banque de France, MM. Guillaume et Magnin; — Union des banquiers de Paris, M. Level; — MM. Clunet, Droz et Constant représentaient le *Journal de droit international*, la *Gazette du Palais*, et la *France judiciaire*. J'avais l'honneur de représenter au Congrès la Faculté de droit de Caen.

§ 1er. — LETTRE DE CHANGE.

La lettre de change est sans contredit l'instrument le plus puissant du crédit commercial ; par sa nature même elle est destinée à voyager de pays en pays ; et, comme l'écrivait M. Brocher (1) en 1874 : « Dans sa course vagabonde, elle recueille et transporte de localités en localités des engagements, qui bien souvent nés sur un territoire se transmettent, s'exécutent ou se périment sur un autre. » Il n'est donc pas de matière où la nécessité de l'unification législative se fasse plus impérieusement sentir, et en même temps, il n'en est peut-être pas où les divergences soient plus nombreuses.

En France et dans les pays qui ont adopté sa législation commerciale, comme le Portugal, la Grèce, les États de l'Amérique du Sud, la lettre de change est la réalisation d'un contrat de mandat entre le tireur et le tiré et d'un contrat de change entre le tireur et le preneur ; sa validité suppose réunies toutes les conditions de ces deux contrats. Ce système ne répond plus aux besoins de la pratique commerciale, et il a été successivement abandonné par la plupart des législations. En 1839, un juris-consulte saxon, Einert, développait un système nouveau, d'après lequel la lettre de change, dégagée de l'ancien contrat de change, était considérée

(1) *Étude sur la lettre de change dans ses rapports avec le droit international privé* (*Revue de droit intern.*, 1874, p. 5).

comme un ordre de paiement, une sorte de papier-
monnaie (1). Cette théorie nouvelle, qui répondait
admirablement aux exigences commerciales, eut une
fortune singulière. Elle fut adoptée en 1847 par la
conférence de Leipsig, qui rédigeait la loi allemande
sur le change, promulguée comme loi fédérale à
Francfort au mois de novembre 1848; et depuis,
presque toutes les législations européennes ont été
modifiées conformément à ces principes. L'Au-
triche (2), la Belgique (3), la Hongrie (4), les Pays
scandinaves (5), la Suisse (6), l'Angleterre (7), l'Italie (8) et l'Espagne (9) ont adopté dans leurs principes les règles du droit allemand (10).

Aujourd'hui les législations se rattachent donc à
deux systèmes différents : le système français, d'après
lequel la lettre de change est la réalisation d'un
contrat ; le système allemand, à la fois plus pratique

(1) Einert, *Das Wechselrecht nach dem Bedürfniss des Wech-
selgeschaft.* — Mittermaier, *Revue étrang. et franç.*, 1810,
p. 849; — Lyon-Caen et Renault, *Précis de droit commercial,*
t. I, n° 1000, p. 537 ; — G. Cohn, *Beiträge zur Lehre vom einhei-
tlichen Wechselrecht ;* — Brocher, *Étude sur la lettre de change*
(*Revue de droit intern.*, 1874, p. 5 et 190).

(2) Loi générale sur le change de 1850.

(3) Code de commerce révisé en 1872.

(4) Loi sur les lettres de change et les billets à ordre de 1876.

(5) Loi scandinave de 1880, applicable au Danemarck, à la Suède
et à la Norwège.

(6) Code fédéral Suisse des obligations de 1881.

(7) Loi anglaise de 1882, ou Bills of exchange Act, 1882.

(8) Code de commerce italien de 1882.

(9) Code de commerce espagnol, promulgué en 1885, et qui ne
deviendra applicable que le 1er janvier 1886.

(10) Actuellement on prépare en Russie un Code de commerce.

et plus savant, d'après lequel la lettre de change est un ordre de paiement, une sorte de papier-monnaie. A côté de cette diversité de principes, il y a des différences de détails. Dans le système allemand, la lettre de change étant simplement un ordre de paiement, la remise de place en place n'est pas nécessaire, la clause de *valeur fournie* n'est pas exigée, l'endossement en blanc est translatif. Dans le système français, au contraire, la remise de place en place, la clause de *valeur fournie*, sont indispensables, et l'endossement en blanc ne vaut que comme procuration. Tels sont les points sur lesquels les conflits se présentent le plus habituellement.

Il est permis d'espérer que l'uniformité pourra se réaliser : « La lettre de change, a très-bien dit M. Brocher, semble ne soulever que des questions techniques et présenter un caractère d'abstraction bien propre à favoriser l'unité » (1). Cette unité existe déjà dans les états de l'Allemagne, dans les cantons suisses, en Angleterre et en Écosse ; et deux tentatives importantes ont été faites avant le Congrès d'Anvers pour la codification internationale de la lettre de change. En 1876, *l'Association pour la réforme et la codification du droit des gens* préparait à Brême un projet de loi internationale sur la lettre de change. Ce projet, complété par le Congrès que la même Association tenait l'année suivante à Anvers, avait pour base les principes allemands, que devait formuler quelques années après le législateur an-

(1) *Études sur la lettre de change* (*Revue de droit intern.*, 1874, p. 5 et 100).

glais ; la lettre de change était déclarée papier-
monnaie ; on supprimait la remise de place en place,
l'indication de la valeur fournie ; l'endossement en
blanc était permis (1). Quelques années après, l'Institut de droit international s'engageait dans la même
voie ; et au congrès tenu à Munich en 1883, M. Norsa
présentait un rapport et un projet qui combinaient
habilement les principes nouveaux et les garanties
à donner aux porteurs et aux tiers (2). Le 10 septembre 1885, l'Institut votait à Bruxelles un projet
de loi uniforme sur la lettre de change.

Les travaux de leurs devanciers ont guidé les juristes d'Anvers ; et le texte sorti de leurs délibérations, comme les projets de Brême et de Bruxelles,
a pour base les principes du droit allemand. L'article 3, alinéa 1, porte : « La lettre de change est un
ordre pur et simple. » Le Congrès affirme ainsi que
la lettre de change ne doit point être considérée
comme la réalisation d'un contrat, mais comme une
sorte de papier-monnaie. Par suite, contrairement à
la loi française (C. comm., art. 110), et conformément
à la loi allemande, la remise de place en place n'est
pas nécessaire.

Les formalités sont réduites autant que possible ;
l'indication de la valeur fournie est inutile, et les
seules mentions exigées sont : la somme à payer, le
nom de celui qui doit payer, l'indication que la lettre

(1) *Journ. de droit intern.*, 1876, p. 410 ; 1877, p. 581 ; — *Revue
de droit intern.*, 1877, p. 400. V. la *Notice* rédigée par la commission nommée à La Haye en 1875, *Journ. de dr. intern.*, 1876,
p. 202.
(2) *Annuaire de l'Institut de droit international*, t. VII, p. 53.

doit être payée à un tiers, ou qu'elle est à ordre ou au porteur, la signature de celui qui l'a créée (Projet, art. 3, nᵒˢ 1, 2, 3 et 4).

Le Congrès admet la lettre de change au porteur; conséquence logique de cette idée que la lettre de change est un papier-monnaie. Aussi la loi française la prohibe-t-elle. Craignant les fraudes, le législateur allemand, peu conséquent avec ses principes, la défend. En Angleterre la lettre au porteur est permise, quand elle n'est pas inférieure à cinq livres. D'ailleurs, la lettre de change au porteur offre peu d'utilité pratique dans une législation qui autorise l'endossement en blanc.

Le Congrès, contrairement au droit français, n'exige pas la mention de la date à peine de nullité. Si la lettre de change n'est pas datée, c'est au porteur en cas de contestation à établir la date (Projet, art. 6). Le Congrès décide aussi que l'omission de l'époque de l'échéance n'entraîne pas nullité de la lettre de change; si elle n'indique pas l'époque du paiement, elle est payable à vue (Projet, art. 6). Puisque la remise de place en place n'est plus exigée, il est évidemment inutile de mentionner le lieu du paiement et le lieu de l'émission. Si la lettre de change n'indique pas le lieu du paiement, elle est payable au domicile du tiré (Projet, art. 6).

Ces différentes mentions sont exigées à peine de nullité, en ce sens que l'écrit dans lequel fait défaut une de ces conditions, peut valoir comme promesse, mais ne produit aucun effet en vertu du droit de change (Projet, art. 5).

Le Congrès a dû examiner les questions que sou-

lève la théorie de la provision ; mais une scission
profonde s'est produite. D'une part, les délégués
allemands, italiens, russes et anglais soutenaient
que la lettre de change, étant un effet de circulation,
devait tirer d'elle-même toute son efficacité ; la
provision, disaient-ils, est en dehors du droit de
change ; elle fera naître, entre le tireur et le tiré, des
rapports soumis au droit commun, mais elle sera
sans effet à l'égard du porteur étranger à l'opération.
D'autre part, les délégués belges et français demandaient que les règles de la provision et les rapports
du tireur et du tiré fussent déterminés d'une manière
précise et proposaient le système suivant : la provision doit être faite par le tireur, ou, si la lettre est
tirée pour le compte d'autrui, par le donneur d'ordre ;
il y a provision quant à l'échéance de la lettre de
change, le tiré est jusqu'à concurrence du montant
de celle-ci débiteur d'une valeur quelconque vis-à-vis
du tireur ou du donneur d'ordre ; enfin, le porteur a
vis-à-vis des créanciers du tireur un droit exclusif à
la provision, qui existe entre les mains du tiré lors de
l'exigibilité de la traite (1). Tels sont les deux systèmes qui ont été défendus ; comme la majorité des
membres représentait la minorité des pays, il a été
convenu que le Congrès ne prendrait pas de décision
et que les deux systèmes seraient formulés dans le
projet (Projet, art. 8, 9 et 10).

(1) Cette question est très-controversée en droit français ; la
solution défendue au Congrès par les délégués français et
belges est généralement admise par la doctrine française. —
Lyon-Caen et Renault, *Précis de droit commercial*, t. I, nᵒ 1125,
p. 617.

Le système défendu par les délégués belges et français est peut-être moins logique que la théorie des Anglais, Allemands et Italiens ; mais elle est plus pratique. Sans doute, la lettre de change doit fonctionner comme une sorte de billet de banque ; mais il ne faut pas oublier qu'elle est toujours tirée pour liquider un rapport de droit né ou à naître entre le tireur et le tiré, et il est difficile d'admettre que le législateur commercial puisse se désintéresser de ces relations juridiques.

Entre commerçants et pour dette commerciale, le créancier a le droit, sauf convention contraire, de tirer sur son débiteur une lettre de change, qui n'excède pas le montant de la dette, et le tiré est tenu de l'accepter (Projet, art. 12). Au premier abord, cette décision du Congrès paraît peu juridique : il ne peut être permis à un créancier de modifier la situation de son débiteur. Mais on a fait remarquer avec raison que cette solution est essentiellement favorable aux transactions commerciales, parce qu'elle en assure la sûreté et la rapidité ; que de plus nul ne peut se plaindre, car la réciprocité de traitement en garantit la justice. Au reste, en donnant cette solution, le Congrès consacrait un usage suivi depuis fort longtemps (1) en France, en Angleterre, et qui a reçu en Belgique force législative (L. de 1872, art. 8).

En principe le porteur est libre de présenter ou non la lettre de change à l'acceptation du tiré. Cependant, aux termes de l'article 13, alinéa 1, la

(1) Pothier, *Traité du contrat de change*, n° 92.

présentation doit être faite par le porteur, sous peine de perdre ses droits de recours, lorsque la lettre est payable à un certain délai de vue. La présentation doit avoir lieu dans le délai indiqué par la lettre, et à défaut d'indication, dans les quatre mois de sa date, si la lettre de change est tirée du même continent, et dans les huit mois, si elle est tirée d'un autre continent (Projet, art. 13, al. 1 et 2). L'article 160 du Code français, modifié par la loi du 3 mai 1862, l'article 52 de la loi belge de 1872, l'article 19 de la loi allemande, l'article 261 du Code italien de 1882, sont rédigés dans le même sens. La loi anglaise de 1882 ne fixe pas de délai; elle dit que la lettre doit être présentée dans un délai *raisonnable*, qu'on déterminera en tenant compte de la nature de l'affaire, des usages, des circonstances (L. de 1882, art. 40). Au reste, il semble que le Congrès n'a pas évité une confusion, qui se rencontre parfois chez les auteurs et même dans les textes législatifs. Au cas où la lettre de change est tirée à un certain délai de vue, ce qui est nécessaire, c'est non point la présentation à l'acceptation, mais simplement la présentation au visa du tiré (1).

Toutes les législations exigent que l'acceptation soit donnée par écrit, et même par une mention écrite sur la lettre de change (Loi anglaise, 1856; loi allemande, art. 225; Code italien, art. 100; loi belge, 1872, art. 22; loi hongroise, 1876, art. 12). La loi française donne lieu à quelques controverses;

(1) Lyon-Caen et Renault, t. I, p. 624, note 3.

mais cette solution ne nous paraît pas douteuse (1).
Il faut, en effet, pour la rapidité et la sécurité des
transactions, qu'à la simple vue de la lettre on
sache si elle est ou non acceptée. Le Congrès reproduit cette solution en spécifiant que la simple
signature du tiré vaut acceptation (Projet, art. 14).
Malgré le silence du Code français, c'est la solution
unanimement admise. Aucune mention n'est exigée,
ni la somme à payer, ni la date ; cependant la date
est nécessaire, quand la lettre est à un certain délai
de vue ; la somme doit être indiquée si l'acceptation
est partielle. On n'exige pas non plus la mention de
la valeur fournie, de l'époque et du lieu du paiement ; cependant le lieu du paiement doit être indiqué, lorsqu'il doit être fait à un lieu autre que le
domicile de l'accepteur, et que la lettre n'indique pas
(Projet, art. 16 ; — Rapp., C. comm. franç., art. 123 ;
loi belge de 1872, art. 24 ; C. comm. ital., art. 264).

Un délai de réflexion de vingt-quatre heures est
accordé au tiré pour donner son acceptation ; mais il
ne peut donner qu'une acceptation pure et simple ;
l'acceptation conditionnelle permet au porteur d'agir
contre le tireur (Projet, art. 15 ; C. comm. franç.,
art. 124, 125). Afin de résoudre une question, qui
en France et dans plusieurs pays avait soulevé
quelques difficultés, le Congrès décide que le tiré,
s'il ne s'est pas dessaisi du titre, peut barrer son
acceptation aussi longtemps que le délai de vingt-
quatre heures n'est pas expiré (Projet, art. 15 ; loi
belge de 1872, art. 11, al. 3 et 4).

(1) Lyon-Caen et Renault, t. I, n° 1147, p. 631.

2

Suivant l'exemple de la plupart des législateurs, les membres du Congrès n'ont point voulu déterminer le caractère et les effets de l'acceptation. C'est l'œuvre de la doctrine, qui doit s'inspirer du droit commun et des principes généraux sur le change.

Mais il importe au contraire de déterminer les conséquences du défaut d'acceptation. Le refus est constaté par un protêt, le *protêt faute d'acceptation ;* ce protêt autorise le porteur à demander au tireur et aux endosseurs l'équivalent de ce qui a été promis , c'est-à-dire l'engagement d'une personne solvable de payer à l'échéance. Tel est le principe ; mais les législations varient sur le mode d'exécution ; la loi allemande oblige le tireur et les endosseurs à fournir une garantie suffisante ou à consigner le montant de la lettre (loi allemande, art. 25) ; d'après la loi scandinave de 1880 (art. 25 et 29), le paiement peut être demandé immédiatement avec une retenue de 5 % d'intérêts par an. Le Congrès, adoptant la solution de la loi belge (loi de 1872, art. 10) et du Code français (art. 120), décide que, sur la notification du protêt faute d'acceptation, les endosseurs et le tireur sont respectivement tenus de donner une caution pour assurer le paiement de la lettre de change à son échéance, ou d'en effectuer le remboursement avec les frais du protêt ou autres frais légitimes ; la caution est solidaire, mais ne garantit que les engagements de celui qui l'a fournie (Projet, art. 18).

La lettre de change étant essentiellement un effet de circulation, il est nécessaire de réglementer un mode de transmission qui, tout en facilitant la circulation, donne des garanties suffisantes au ces-

sionnaire. Dans tous les pays l'endossement est le
mode normal de cession. Il consiste en principe
dans une mention faite au dos de la lettre, indiquant
les noms de l'endosseur et du cessionnaire, la date,
et portant les mots : *Payez à l'ordre de*..... Sur ce
point l'unification est faite, et le Congrès n'a eu
qu'à formuler la règle générale admise par toutes
les législations (Projet, art. 19-24). Mais cette théorie
de l'endossement donne lieu à un des plus graves
conflits de la matière. La loi française et les législations qui s'y rattachent (Pays-Bas, Portugal, états
de l'Amérique du Sud) exigent pour la validité de
l'endossement comme cession, qu'il soit daté, qu'il
exprime la valeur fournie, qu'il énonce le nom du
cessionnaire ; l'endossement dit *endossement en
blanc*, qui ne porte que la signature de l'endosseur,
est irrégulier et ne vaut que comme procuration
(C. comm. franç., art. 136-139). Au contraire toutes
les législations qui ne voient dans la lettre de change
qu'un effet de circulation, reconnaissent l'effet translatif de l'endossement en blanc. La question fut longuement discutée dans les conférences de Leipsig de
1847, qui préparèrent la loi allemande sur le change,
et l'endossement en blanc est autorisé par la loi
allemande (art. 12 et 13), la loi belge de 1872 (art. 27),
la loi scandinave de 1880 (art. 12 et 13), la loi anglaise
de 1882 (art. 33 et 34), le Code italien de 1882 (art.
256-260), le Code espagnol de 1885 (art. 463). Il est
facile de constater que l'endossement en blanc répond à des nécessités impérieuses de la pratique
commerciale; il permet à la lettre de change de
circuler comme un titre au porteur, et assure en

même temps aux parties des garanties suffisantes; dans les pays où il est encore prohibé, on a su, par un détour ingénieux, suppléer à l'insuffisance de la loi. Aussi tous les membres du Congrès ont-ils été d'accord pour admettre comme valable et translatif l'endossement en blanc, et l'article 19 du projet est ainsi conçu : « La simple signature du porteur, mise au dos de la lettre de change, de la copie ou de l'allonge de la lettre vaut endossement »; et l'article 20 qui le complète : « L'endossement transfère la propriété de la lettre de change avec toutes les garanties réelles et personnelles qui y sont attachées. »

Le Congrès ne demande pas la mention de la valeur fournie, mais il exige la date. En droit français, l'endossement non daté est présumé ne valoir que comme procuration, et cette présomption, irréfragable à l'égard des tiers, autorise la preuve contraire entre les parties (C. comm., art. 138). Le Congrès n'admet pas une solution aussi rigoureuse, et propose de décider que, si l'endossement n'est pas daté, le porteur doit, au cas de contestation, établir la date (Projet, art. 23).

Les juristes français discutent la question de savoir si l'endossement peut avoir lieu régulièrement après l'échéance et avant le paiement. La jurisprudence française (1) et la jurisprudence anglaise reconnaissent la validité de l'endossement; la loi allemande (art. 16) distingue s'il y a eu ou non protêt. Dans le projet du Congrès (art. 21) l'endossement postérieur à l'échéance est régulier; mais on fait une réserve qui

(1) Lyon-Caen et Renault, t. I, n° 1091, p. 591.

nous paraît équitable : le tiré peut dans ce cas opposer au cessionnaire les exceptions qu'il eût pu opposer au cédant. Cette réserve est déjà formulée dans l'article 26 de la loi belge.

L'endossement restrictif est consacré par l'usage, et généralement admis par les lois de change. Les restrictions les plus usuelles sont exprimées en ces termes : *pour encaissement, pour procuration, pour garantie* (Projet, art. 24). L'endosseur *pour procuration* peut-il faire un endossement translatif? En France on admet en général l'affirmative (1). Le Congrès ne résoud pas la question, ou du moins formule à cet égard une proposition un peu obscure: « Les mentions restrictives, qu'un endosseur ajoute à un endossement, lient tous les endosseurs ultérieurs » (Projet, art. 24).

La plupart des législations admettent l'aval (Code comm. franç., art. 141). En Angleterre cette institution est inconnue, et toute personne ayant apposé sa signature sur une traite est responsable comme endosseur (loi de 1882, art. 56). Malgré les hésitations des délégués anglais, le Congrès décide que le paiement d'une lettre de change peut être garanti par aval. Le donneur d'aval est tenu solidairement, et il assume toutes les obligations de la personne pour laquelle il s'engage. L'aval est écrit habituellement sur la lettre de change ; mais il peut être donné par acte séparé. Cette dernière règle, conforme à l'article 142 alinéa 1 du Code français, à l'article 32 de la loi belge et à l'article 227 du Code italien, mais

---

(1) Lyon-Caen et Renault, t. I, n° 1007, p. 598.

contraire à la jurisprudence allemande, n'a pas été admise sans discussion. Le Congrès demande aussi que la simple signature, apposée par un tiers sur le recto de la lettre, vaille aval (Projet, art. 25-27). C'est la solution donnée par la doctrine française (1).

Les dispositions du projet, relatives à l'échéance et au paiement, ont été votées sans discussion. D'ailleurs elles reproduisent à peu de chose près les règles du Code français, de la loi belge et du Code italien. On peut les résumer ainsi : Le porteur de la lettre doit la présenter au paiement le jour de l'échéance ; si elle est payable à vue, elle doit être présentée dans les six mois de sa date ; elle doit être payée dans la monnaie qu'elle indique ; si elle indique une monnaie étrangère, le paiement peut être fait en monnaie nationale au cours du change moyen ; le porteur ne peut pas refuser un paiement partiel, bien que l'acceptation ait eu lieu pour le tout ; il ne peut être contraint à en recevoir le paiement avant l'échéance ; l'opposition au paiement n'est admise qu'au cas de perte de la lettre, de faillite du porteur ou de son incapacité de recevoir ; si la lettre a été tirée à plusieurs exemplaires, le tiré ne se libère qu'en payant sur la lettre acceptée, et, s'il n'y a pas eu acceptation, en payant sur ce premier exemplaire qui lui est régulièrement présenté (Projet, art. 28-33).

Le Congrès décide aussi que le juge ne peut accorder aucun délai de grâce (Projet, art. 34). Cette règle, conforme à l'article 135 du Code français, et admise en Allemagne, en Autriche-Hongrie, en

(1) Lyon-Caen et Renault, t. 1, n° 1169, p. 644.

Belgique et en Italie, a été combattue par les juristes
anglais, qui demandaient la consécration d'un usage
suivi en Angleterre, et d'après lequel l'accepteur a
trois jours de grâce après l'échéance, sans compter
le jour de l'échéance.

Le crédit commercial et la sécurité des transactions exigent impérieusement que l'exécution des
promesses consenties par traite soit accomplie au jour
de l'échéance. Aussi le législateur commercial doit-il
régler minutieusement le mode de constatation et les
conséquences du défaut de paiement. Ces questions
ont spécialement attiré l'attention du Congrès et ont
provoqué de longues discussions. En effet, il est peu
de matières où la diversité des usages et des lois soit
plus grande. En Angleterre, le protêt n'est pas toujours nécessaire, et on se contente d'une notification
même verbale, pour les lettres circulant dans l'inté-
rieur du pays, faite dans un délai *raisonnable* (Loi
de 1882, art. 49, § 5 et § 12); pour les lettres étrangères, un constat (*noting*) des circonstances du refus
de paiement, fait le jour du *déshonneur*, doit pré-
céder le protêt (Loi de 1882, art. 51, § 2 et suiv.).
A l'exemple de la loi française (C. comm., art. 162)
et de la loi allemande (art. 41), toutes les législations
du continent exigent que le refus de paiement soit
constaté dans tous les cas par un protêt fait dans des
délais qui varient suivant les pays. Cependant en
Belgique le protêt peut être remplacé par une déclaration du tiré, faite dans une forme déterminée (Loi
sur les protêts du 10 juillet 1877, art. 5, 6 et 7).
Devant cette diversité de solutions, l'entente était
difficile; l'opposition est venue surtout des délégués

anglais, dont beaucoup étaient venus au Congrès
avec cette idée préconçue que le droit anglais était
le droit modèle, et dès le mois de juillet l'un d'eux
écrivait : « Ce serait renoncer à un progrès acquis
que d'adopter le système continental du protêt pour
toutes les lettres (1). » C'est pourquoi le Congrès a
dû renoncer à formuler une règle unique et se borner
à proposer une formule pour résoudre les conflits. Il
décide, conformément à l'adage « *Locus regit actum* »,
que le refus total ou partiel de paiement doit être
constaté par le porteur, soit dans un acte nommé
protêt faute de paiement, soit dans une autre forme
admise par la loi du pays où la lettre de change est
payable (Projet, art. 35). Pour le délai du protêt, la
section admet le système belge (Loi de 1872, art. 41);
le protêt peut être fait le lendemain ou le surlendemain de l'échéance; les jours fériés ne comptent
pas (Projet, art. 30).

Le Congrès détermine aussi les effets de la clause
sans protêt ou *sans frais*, et l'art. 37, analogue à
l'art. 50 de la loi belge, porte : La clause *sans protêt*
ou *sans frais* a pour effet, à l'égard de celui qui l'a
apposée et des endosseurs ultérieurs, de dispenser
le porteur de faire protester sa lettre; elle ne prive
pas le porteur du droit de faire dresser le protêt.

Les règles sur l'acceptation et le paiement par
intervention ont été admises à peu près sans discussion. Il n'y a d'ailleurs sur ce point, dans les
législations européennes, que des différences de dé-

(1) Barclay, *L'Angleterre au Congrès d'Anvers* (*Bulletin de la
Société de législation comparée*, juillet 1885, n° 6, p. 610).

tails assez peu importantes (C. comm. franç., art. 158 et 159; loi belge de 1872, art. 30; loi allemande, art. 64; C. comm. italien, art. 301). L'acceptation par intervention se fait dans la même forme que l'acceptation du tiré; elle doit être mentionnée dans le protêt et notifiée sans délai par l'intervenant à celui pour lequel il est intervenu; malgré l'acceptation par intervention, le porteur conserve tous ses droits contre les signataires de la lettre de change. Le paiement par intervention doit être constaté dans le protêt; le paiement par intervention, fait pour le compte du tireur, libère tous les endosseurs; fait pour un endosseur, il ne libère que les endosseurs ultérieurs; s'il y a concurrence pour le paiement par intervention, on préfère celui qui opère le plus de libération; le porteur qui refuse de recevoir le paiement par intervention est déchu de tout recours contre les personnes qui eussent été libérées par le paiement; enfin, l'intervenant est subrogé aux droits du porteur pour lequel il est intervenu, les garants de cette personne et le tiré (Projet, art. 38-44).

Avant de déterminer les règles du recours, le Congrès, sur la proposition de la commission, formule un principe général sur l'étendue des obligations contractées par tout signataire d'une traite : toute signature mise sur une lettre de change vaut pour l'engagement qu'elle implique, sans égard à la nullité de tout autre engagement ou à la fausseté de tout autre signature (Projet, art. 46). Cette règle est formulée aussi dans les articles 75 et 76 de la loi allemande.

Suivant la solution universellement admise et

votée par le Congrès, tous les signataires d'une lettre de change sont tenus à la garantie solidaire envers le porteur ; cette garantie s'étend au montant de la lettre, aux intérêts, aux frais de protêt et autres frais légitimes ; les intérêts courent à partir du premier jour utile pour le protêt ; le recours peut être exercé par le porteur contre tous les signataires ou contre chacun d'eux ; le même droit appartient à chacun des endosseurs contre les endosseurs antérieurs et contre le tireur (Projet, art. 45-47).

De même que le Congrès ne détermine pas les modes de constatation du refus de paiement, de même, et la chose est logique, il ne règle pas les conditions de formalités et de délai de l'exercice du recours en garantie. Il laisse subsister les différences législatives et décide que les délais dans lesquels doit être exercé le recours en garantie, et les formalités à observer dans l'exercice de ce recours, sont déterminés par la loi du pays où l'action est intentée (Projet, art. 48). Au point de vue de la théorie du conflit des lois, cette rédaction nous paraît critiquable ; on aurait dû dire : la loi du lieu où le paiement devait être fait ; et on comprend difficilement que ces conditions puissent varier suivant les pays dans lesquels l'action est engagée (Projet, art. 48; — Rap. loi allemande, art. 86 ; loi anglaise de 1882, art. 72, § 3).

Sur la proposition des délégués français, la section a voté l'art. 50 a du projet, qui est la reproduction de l'article 172 de notre Code de commerce : Indépendamment des formalités prescrites pour l'exercice de l'action en garantie, le porteur d'une lettre de change protestée faute de paiement peut, en obtenant la permission du président du tribunal de commerce, saisir conservatoirement les objets mobiliers des tireur, accepteur et endosseurs (Projet, art. 50 *a*).

Le projet arrêté à Anvers ne contient aucun article relatif au rechange. On a fait observer avec raison que toute disposition à cet égard était inutile : aux termes de l'article 12, une lettre de change peut toujours être tirée entre commerçants pour dette commerciale ; il est donc évident que le porteur non payé a le droit, pour obtenir le paiement, de tirer une traite sur l'un des garants ; et le contenu de cette lettre est déterminé par l'article 45, alinéa 2 du projet, qui fixe l'étendue des obligations des garants.

Toutes les législations prévoient l'hypothèse où la lettre de change est perdue ; elle ne pouvait échapper à l'attention du Congrès. Le système admis est une combinaison ingénieuse du système belge (loi de 1872, art 41 et suiv.), du système français (C. comm., art. 150-155), du système anglais (loi de 1882, art. 69 et 70), et du système allemand (loi sur le change, art. 73 et 74). Au cas de perte de la traite, le propriétaire peut ou demander le paiement ou demander la rédaction d'une seconde lettre. Il peut en exiger le paiement en vertu d'une décision du tribunal du lieu où la lettre était payable, en fournissant une caution qui sera libérée au bout de trois ans, et dont le tribunal apprécie la solvabilité ; s'il ne peut ou veut fournir caution, le tribunal ordonne le dépôt judiciaire. Le propriétaire peut, s'il le préfère, demander la rédaction d'une seconde lettre ; il doit pour cela s'adresser à son endosseur immédiat, qui est tenu de lui prêter son nom et ses soins pour agir envers son propre endosseur et ainsi de suite jusqu'au tireur ; le tireur ayant délivré la seconde traite, chaque endosseur est tenu d'y rétablir son endossement, mais le tiré n'est pas tenu de donner une seconde fois son acceptation. Le propriétaire ne peut agir que s'il a conservé ses droits par une notification faite au tireur et aux endosseurs, au plus tard le lendemain de l'échéance (Projet, art. 51-53).

La faveur que le législateur doit au commerce, les nécessités du crédit commercial expliquent comment toutes les législations fixent des délais relativement courts pour la prescription des actions de change. Notre Code (art. 189) et la loi belge de 1872 (art. 82) fixent ce délai à cinq ans ; en Allemagne, l'action de change est prescrite par trois ans, et l'action du porteur et d'un endosseur contre le tireur et les endosseurs, par un délai variant suivant les distances (Loi sur le change, art. 77-79) ; en Angleterre, le délai est de six ans. La section a adopté la règle française : toutes les actions relatives aux lettres de change se prescrivent par cinq ans, à compter du dernier jour utile pour le protêt ; la prescription de droit commun reprend son empire si le débiteur a été condamné ou a reconnu sa dette dans un acte séparé ; dans ce cas l'action en paiement n'a plus pour cause la lettre de change. Comme en droit français, la présomption de libération n'est pas absolue, et les débiteurs prétendus doivent, s'ils en sont requis, la compléter en prêtant serment qu'ils ne sont plus redevables, et leurs veuve, héritiers ou ayant-cause, qu'ils estiment de bonne foi qu'il n'est rien dû (C. comm. franç., art. 189. — Projet, art. 54).

A la fin de la session, le Congrès s'est occupé du billet à ordre et du chèque.

Les deux articles relatifs au billet à ordre n'ont donné lieu à aucune difficulté. Dans le billet à ordre, c'est le souscripteur lui-même qui s'oblige à payer le montant du billet au porteur au jour de l'échéance. Le billet diffère ainsi de la lettre de change et ne devra pas contenir les mêmes indications. Les mentions exigées sont : la somme à payer, le nom de celui auquel le paiement doit être fait, la mention que le billet est à ordre ou au porteur, la signature de celui qui s'oblige (Projet, art. 55). A la différence du droit français, on n'exige pas la mention de la valeur fournie (C. comm., art. 188). Suivant l'exemple de tous les législateurs, le Congrès déclare applicable au billet toutes les dispositions concernant la lettre de change, qui par leur nature ne sont pas exclusives du billet à ordre ou au porteur (Projet, art. 56).

La durée limitée de la session n'a pas permis au Congrès de discuter avec les développements nécessaires un projet de loi internationale sur le chèque. Bien que les Anversois revendiquent l'honneur d'avoir, dès le XVIᵉ siècle, pratiqué le chèque sous le nom flamand de *bewijs*, c'est en Angleterre qu'il a pris de nos jours une immense extension ; et c'est la législation anglaise sur le chèque qui est à la fois la plus savante et la plus pratique (1). La loi de 1882 (art. 73) définit le chèque : une lettre de change tirée sur un

<hr>

(1) V. Barclay, *La lettre de change, le chèque et le billet à ordre en droit anglais.* — Chastenet, *Étude sur les chèques.*

banquier et payable sur demande ; elle organise en outre le système des chèques barrés (*crossing*), chèques portant entre deux barres et perpendiculairement à l'écriture le mot *et compagnie* ou l'abréviation, ou portant simplement deux lignes parallèles transversales ; ces chèques ne peuvent être présentés et payés que par un banquier à un banquier (loi de 1876 ; loi de 1882, art. 76-82). Les législations continentales n'exigent pas que le chèque soit tiré sur un banquier, et ignorent le système du *crossing* ; le chèque est simplement un mandat de paiement tiré sur une personne quelconque ayant des fonds appartenant au tireur (loi franç. du 14 juin 1865; loi belge du 20 juin 1873 ; Code fédéral suisse des obligations, 1881, art. 831-837 ; Code italien, art. 330-344). Les délégués anglais ont demandé qu'on adoptât les principes anglais pour base d'un projet de loi internationale sur le chèque. Mais le Congrès a dû se borner à rédiger un seul article qui fixe le délai dans lequel le paiement doit être réclamé. D'après la loi anglaise (art. 74, § 1), le paiement doit être demandé dans un délai *raisonnable ;* d'après le projet voté, le chèque doit être présenté au paiement dans les cinq jours de sa date, quand il est tiré sur place ; quand le chèque est tiré de place en place, le délai de présentation est de huit jours, avec un jour par distance de 500 kilomètres ; ce délai est doublé quand le trajet doit s'effectuer en tout ou partie par voie de mer (Projet, art. 57, al. 1. — Rap. loi franç., 1865, art. 5, al. 1 ; loi belge de 1873, art. 3). Pour le surplus, le Congrès propose de soumettre les chèques aux dispositions votées pour la lettre de change (Projet, art. 57, al. 2).

Il nous reste à parler de la capacité de s'obliger
par un effet de commerce. Sur ce point, le Congrès
ne pouvait évidemment rédiger un projet de loi
uniforme. Les règles sur la capacité commerciale
touchent au droit civil, et nous sommes encore loin
de l'époque où l'unité pourra être réalisée. On devait
donc seulement formuler la règle à suivre pour résoudre les conflits. Deux lois étrangères contiennent
une décision à cet égard.

La loi allemande sur le change (art. 84) décide que
la capacité de s'obliger par lettre de change est déterminée par la loi du pays de celui qui s'oblige ; cependant l'étranger, incapable d'après sa loi nationale,
mais capable d'après la loi allemande, peut s'obliger
par lettre de change en Allemagne. L'article 822 du
Code fédéral suisse des obligations décide que la
capacité de s'obliger est régie par la loi nationale.
Cette règle, conforme à la théorie générale du conflit
des lois, et formulée déjà par l'Institut de droit international à Munich en 1883 (1) et à Bruxelles en
septembre 1885, est adoptée par notre Congrès (Projet,
art. 1 et 2). Mais pour éviter les fraudes, le Congrès
admet une restriction analogue à celle de la loi allemande : l'étranger incapable de s'obliger par lettre de
change ou par billet à ordre d'après la loi de son
pays, mais capable d'après la loi du pays où il donne
sa signature, ne peut pas invoquer son incapacité
pour se soustraire à ses obligations (Projet, art. 2).

(1) V. le projet et le rapport de M Norsa, présentés au Congrès
de Munich de 1883 (*Annuaire de l'Institut de droit intern.*,
t. VII, p. 60).

Cette atteinte au principe du statut personnel peut présenter quelque danger, et il eût été, nous semble-t-il, plus sage et plus juridique de ne pas l'admettre.

Tel est le projet de loi uniforme voté par le Congrès. Avant de se séparer, les membres de la section ont émis plusieurs vœux. Ils demandent dans la mesure du possible la réduction des frais de protêt, l'organisation d'un service international pour l'encaissement et l'acceptation des effets de commerce, la création d'un timbre uniforme pour les effets de commerce, qui serait organisé comme le timbre postal. De plus, considérant que sur la plupart des points l'accord a pu être établi, que s'il reste quelques divergences, elles disparaîtront à la suite d'une discussion plus longue, la section, à l'unanimité, émet le vœu que les travaux du Congrès soient repris.

§ 2. — DROIT MARITIME.

La section de droit maritime avait un programme plus étendu, et par cela même le travail était moins complètement préparé. Elle a dû se diviser en sous-commissions, qui élaboraient la veille les projets discutés le lendemain en séance générale. Malgré le travail acharné de ses membres, qui chaque jour siégeaient plus de six heures, elle n'a pu exécuter qu'en partie le programme qui lui était proposé.

Plusieurs tentatives ont été déjà faites avant le Congrès d'Anvers, pour fixer la jurisprudence sur la solution des conflits et pour arrêter un projet de loi uniforme sur les matières les plus importantes du

droit maritime. A Brême en 1876, à Anvers en 1877 (1),
à Liverpool en 1882 et à Hambourg au mois d'août
dernier, l'*Association pour la réforme et la codification du droit des gens* préparait un projet sur deux
des plus importantes parties du droit maritime, les
avaries et les connaissements. Depuis plusieurs années, l'*Institut de droit international* étudie dans
chacune de ses sessions les questions principales de
droit maritime international et prépare sur les points
les plus importants une loi générale. Au Congrès
de Turin en 1880, M. Asser au nom de l'Institut
demandait une législation uniforme sur l'affrétement,
les avaries, l'abordage (2); à Munich en 1883, l'Institut étudiait les assurances maritimes sur un rapport de M. Sacerdoti (3); et enfin c'était encore le
droit maritime qui formait l'objet principal de ses
délibérations dans la session ouverte à Bruxelles en
septembre dernier.

La section de droit maritime du Congrès d'Anvers
trouvait dans ces travaux antérieurs des renseigne-
ments qui facilitaient sa tâche. Deux séries de questions lui étaient soumises. Elle devait d'abord résoudre les conflits qu'amène la diversité des législations existantes. Elle avait ensuite à rédiger, sur
les principales parties du droit maritime, un projet
de loi uniforme.

(1) *J. de droit intern.*, 1876, p. 418, et 1877, p. 431 et 575.
(2) *Annuaire de l'Institut de droit intern.*, t. VI, p. 81.
(3) *Ibid.*, t. VII, p. 100.

1° Conflits des lois maritimes.

Comme aux Congrès de Turin, de Munich et de Bruxelles, une première question se présentait : faut-il formuler un principe général suivant lequel doivent être résolus tous les conflits ? Les membres de la section ont été unanimement d'avis qu'on ne devait point inscrire dans le projet une règle de principe, mais examiner toutes les espèces et déterminer pour chacune d'elles la loi applicable (Projet, art. 1). Cependant, sans faire une généralisation anticipée, on a reconnu de prime abord, qu'en général on devait appliquer la loi du pavillon. Le navire est une sorte de personne ; il a un nom, un domicile, une nationalité ; il est régi par sa loi personnelle, la loi de son pavillon.

D'autre part, on a été d'accord pour convenir qu'il faut toujours se référer à l'intention des parties, et que, à moins d'une mention contraire, le Congrès ne détermine la loi applicable que pour les cas où les parties n'indiquent point la loi à laquelle elles se soumettent. Cette réserve est peut-être trop générale et par là même dangereuse. Sans doute en matière de contrat on doit respecter l'intention des parties, mais souvent l'application d'une loi doit être impérative. D'ailleurs cette idée n'a pas été formulée par écrit, et si elle a dominé les délibérations du Congrès, il en a fait en général une juste application.

La section examine d'abord les conflits relatifs à la propriété des navires et aux droits réels sur les navires. A l'unanimité, elle décide que la propriété des navires, les privilèges, le nantissement et l'hypothèque sont régis par la loi du pavillon (Projet, art. 2) (1). De même les différends relatifs au navire et à la navigation, qu'ils se produisent entre les co-propriétaires, entre les propriétaires et le capitaine, entre les propriétaires ou le capitaine et les gens de l'équipage, sont jugés d'après la loi du pavillon (Projet, art. 3).

De même, la loi du pavillon détermine les pouvoirs du capitaine. Quelques membres demandent qu'on applique la *lex loci contractus*. Mais on fait très-justement remarquer que les pouvoirs du capitaine ne peuvent varier suivant les ports où il se trouve, et l'article suivant est voté : Les pouvoirs du capitaine, pour pourvoir aux besoins du navire, l'hypothéquer, le vendre, contracter un emprunt à la grosse, sont déterminés par la loi du pavillon (Projet, art. 4). Le capitaine pouvant se trouver dans une situation qui ne lui permette pas d'observer les formalités prescrites par la loi du pavillon, il lui suffira de se conformer à cet égard à la loi du port où il accomplit ces opérations (Projet, art. 5). C'est consacrer l'application facultative de la règle *Locus regit actum*. Nous croyons qu'en général elle est impérative ; cependant dans l'espèce prévue on doit reconnaître que la solution votée est seule pratique.

La question des avaries a spécialement appelé l'at-

(1) V. sur tous ces points, Lyon-Caen, *Étude sur le droit international privé maritime.*

tention du Congrès. Dans la pratique généralement
suivie, le règlement des avaries se fait conformément
à la loi du port où se délivre la cargaison. Cet usage
offre de multiples inconvénients ; on comprend difficilement qu'on impose au chargeur, à l'armateur
et aux assureurs l'application d'une loi qu'ils n'a-
vaient certainement pas en vue au moment du contrat ; de plus, la cargaison est souvent délivrée dans
plusieurs ports. Aussi sur la proposition de M. Lyon-
Caen, la première et la deuxième commission réunies
demandaient que le règlement des avaries fût toujours fait conformément à la loi du pavillon. Cette
solution a rencontré dans le Congrès des adversaires
ardents. Les avocats et surtout les dispacheurs
d'Anvers se sont vigoureusement opposés à son
adoption ; ils ont fait observer qu'elle apporterait une
profonde perturbation dans la pratique des affaires.
Ce motif, éloquemment présenté par M. Vranken,
a convaincu la majorité du Congrès, et la disposition
suivante a été votée : Le règlement des avaries se
fait d'après la loi du port où se délivre la cargaison
(Projet, art. 5). Nous ne saurions trop regretter
cette solution ; elle cadre mal avec l'économie générale du projet, et des hommes d'affaires distingués
nous ont affirmé qu'elle présente en pratique de
nombreux inconvénients, que les dispacheurs d'Anvers se sont laissé trop facilement effrayer par le
surcroît de besogne que leur imposait l'adoption
d'une règle nouvelle. Toutefois il convient de dire que
déjà en pratique l'uniformité sur le règlement des
avaries a été obtenue dans une certaine mesure par
l'adoption dans beaucoup de ports des règles dites

Règles d'York et d'Anvers, formulées définitivement à Anvers en 1877 (1).

Quant à la responsabilité de l'armateur, elle est toujours déterminée par la loi du pavillon (Projet, art. 6).

Les conflits de lois en matière d'assurances se présentent rarement en pratique. Les polices d'assurance règlent toujours en détail les conditions et les effets du contrat. Quelques modèles de polices sont plus habituellement usités : police française, police d'Anvers, police de Londres, police de Hambourg. Quand les contractants se sont référés à l'une d'elles, l'assurance est régie par les clauses et conditions de cette police, quelle que soit la nationalité des parties, quel que soit le pavillon du navire. Le conflit ne

(1) Le besoin d'adopter des règles communes sur les avaries se fait sentir depuis longtemps. La première initiative en ce sens fut prise par l'*Association britannique pour le progrès des sciences sociales.* Elle organisa des conférences successivement à Glascow le 25 septembre 1860, à Londres le 9 juin 1862, à York le 26 septembre 1864. Onze articles furent arrêtés à York. Mais le succès fut compromis par la retraite du *Lloyd*, une des associations commerciales les plus puissantes de l'Angleterre (Rapport de M. Hack au Congrès de Brême en 1876, *J. de droit intern.*, 1877, p. 131). L'*Association pour la réforme du droit des gens* reprit en 1876 au Congrès de Brême le projet voté à York ; mais la discussion n'aboutit pas (*J. de droit intern.*, 1876, p. 418). Au mois d'août 1877, la même Association, réunie à Anvers, prenant pour point de départ les règles formulées à York en 1864, adopta un projet en douze articles, déterminant les caractères et le mode de règlement des avaries grosses (*J. de droit intern.*, 1877, p. 575). Ce sont ces dispositions qui ont été adoptées dans beaucoup de ports par la pratique commerciale, sous le nom de *Règles d'York et d'Anvers*.

peut donc naître que sur les points où la police est muette; il paraît alors naturel d'appliquer la loi du pays auquel les parties ont emprunté la police, la loi française par exemple, si l'on a assuré suivant police française. En empruntant la police d'un pays, les parties sont naturellement présumées avoir voulu se soumettre subsidiairement à la loi de ce pays. Tel est le sens de l'article 7 du projet: Les contestations relatives au contrat d'assurance doivent être tranchées d'après la loi du pays auquel les parties ont emprunté la police. Cependant, pour le règlement des avaries communes, les assureurs sont censés accepter la loi qui régit les assurés. Dans le système du Congrès, cette loi est celle du port où se délivre la cargaison.

Le progrès de la navigation à vapeur, en accélérant la marche des navires, a rendu les abordages malheureusement très-fréquents, et ce sont peut-être les questions d'abordage qui donnent lieu aux plus graves conflits (1).

Les règles législatives sur l'abordage *douteux* varient suivant les pays. Les codes italien (art. 682), allemand (art. 767), belge (art. 228, al. 1), espagnol (art. 935) décident que chacun supporte son dommage; c'est l'application de ce principe que pour obtenir une réparation il faut établir la cause du dommage (2). D'autres législations font une masse

(1) Deloynes, *Questions pratiques en matière d'abordage maritime.*

(2) Picard et Bonnevie, *De l'abordage,* étude préliminaire et documents.

du dommage et la répartissent entre les navires
suivant des règles variables ; en France le partage
est égal (C. comm., art. 407, al. 3) ; en Hollande
(C. comm., art. 538) le partage est proportionnel
à la valeur des navires et des chargements ; en Tur-
quie (C. comm., empire ottoman, art. 240) le partage est proportionnel à la valeur respective des
navires.

Avant de résoudre ces conflits, le Congrès a examiné si l'on ne devait pas au préalable déterminer
le tribunal compétent en matière d'abordage (1).
Après une longue discussion, on a reconnu que la
question de conflit et la question de compétence
étaient indépendantes et que les règles de compétence,
insuffisamment préparées, devaient être réservées.
Sans doute, il est regrettable que le Congrès n'ait
pas réglé la compétence en matière d'abordage ;
mais on doit reconnaître que la solution effective ne
peut être donnée que par des conventions diploma-
tiques.

Sur la question de conflit, le Congrès, abandonnant peut-être à tort la distinction ordinaire des
eaux territoriales et de la pleine-mer, formule le
système suivant : L'abordage dans les ports, fleuves
et autres eaux intérieures est réglé par la loi du lieu
où il se produit. L'abordage en pleine-mer entre
deux navires de même nationalité est réglé par la loi
de leur pavillon. Si les navires sont de nationalité
différente, chacun est obligé dans la limite de la loi

---

(1) Deloynes, *Questions pratiques en matière d'abordage maritime.*

de son pavillon et ne peut recevoir plus que cette loi lui attribue (Projet, art. 8). Cette dernière règle très-ingénieuse peut cependant en pratique présenter quelques difficultés. Tout ce système a été très-vivement critiqué par les juristes anglais, qui demandaient simplement l'application de la *lex fori*. Nos voisins comprennent difficilement qu'un tribunal anglais ait à appliquer une loi étrangère. Cet exclusivisme, dont ils ont fait preuve à maintes reprises, ne conduit à rien moins qu'à la négation du droit international.

Pour les fins de non-recevoir en matière d'abordage, le projet est ainsi rédigé : Si l'abordage a lieu dans les ports, fleuves et autres eaux intérieures, on applique la loi du lieu où il s'est produit. Quand l'abordage a eu lieu en mer, le capitaine conserve ses droits en réclamant suivant les formes et dans les délais prescrits par l'une des trois lois suivantes : loi du pavillon, loi du navire abordeur, loi du premier port de relâche (Projet, art. 9). La pensée du Congrès est de faciliter autant que possible au capitaine la conservation des droits des intéressés.

Nos lois ne contiennent aucune disposition sur l'assistance maritime. Au contraire, en Angleterre (Merchant Shipp. Act 1854, art. 458 et 459), en Allemagne (C. comm., art. 742-750; loi du 27 sept. 1872), en Espagne (C. comm., art. 985-991), en Norwège (C. de 1860, art. 83-91), en Hollande (C. comm., art. 543-568), l'assistance maritime est minutieusement réglementée; les principes sont les mêmes, mais les détails diffèrent. Le conflit apparaît quand le navire assistant et le navire assisté sont de nationalité dif-

férente. Si l'assistance est donnée dans les eaux intérieures, on applique sans difficulté la loi du pays. Mais
la question devient très-délicate lorsque l'assistance
est donnée en mer. D'une part, si la loi de l'assistant
est déclarée compétente, on évite toute difficulté au
cas où il y a plusieurs assistants ; d'autre part,
l'application de la loi de l'assistant est favorable à
l'assistance maritime ; le capitaine, sachant que les
garanties de la loi de son pavillon lui sont assurées,
sera encouragé à fournir assistance. Cette dernière
considération a paru déterminante, et le Congrès a
voté la règle suivante : Au cas d'assistance donnée
en mer, elle est rémunérée d'après la loi de l'assistant (Projet, art. 10).

On voit ainsi que le congrès propose en principe
de résoudre les conflits de droit maritime en suivant
la loi du pavillon. La même idée avait déjà inspiré
les membres des congrès de Turin, de Munich et de
Bruxelles. Si on laisse de côté le règlement des
avaries, le Congrès d'Anvers n'abandonne la loi du
pavillon que dans les cas où son application est impossible, parce que plusieurs navires de nationalité
différente sont intéressés. On peut espérer que telle
sera bientôt la règle de la jurisprudence générale.

2º Projet de loi maritime uniforme.

Après avoir déterminé la solution des principaux
conflits, le Congrès a entrepris la rédaction d'un
projet de loi maritime uniforme. Mais l'œuvre était
évidemment trop vaste pour qu'elle fût achevée
en quelques jours, et la section a dû se borner à

préciser les règles générales des matières les plus importantes : propriété des navires, affrétement, avaries, assurance, contrat à la grosse, abordage, assistance et sauvetage.

Des propriétaires de navires. — Rédaction des connaissements (1). — Parmi les questions soumises au Congrès, il n'en est pas qui aient plus vivement passionné les commerçants des deux mondes, qui aient soulevé de plus ardentes polémiques ; il n'en est pas auxquelles le commerce d'Anvers attachât une plus haute importance. Depuis vingt-cinq ans environ les progrès de la navigation à vapeur, la construction des grands steamers, la création des compagnies maritimes ont transformé les conditions du commerce de mer. Les connaissements ne sont plus comme autrefois rédigés par les chargeurs et soumis à la signature du capitaine; l'armateur rédige le connaissement et l'impose au chargeur. Dès que cet usage est né, les armateurs ont essayé d'étendre autant que possible les clauses d'irresponsabilité. L'accident mémorable de la *Floride*, qui amarrée dans les bassins du Havre coula à fond dans la nuit du 5 au 6 août 1866, des procès nombreux d'abordage ont amené la Compagnie transatlantique, et à sa suite plusieurs autres compagnies, à rédiger des formules de connaissement, où elles s'exonèrent de toute responsabilité relativement aux faits de leur

(1) Ch. Le Jeune, *Les clauses d'irresponsabilité des connaissements.*

capitaine et de leurs préposés. On conçoit facilement l'émotion qu'a dû produire cette pratique dans le monde des commerçants, qui se trouvent dans l'alternative de restreindre leurs affaires ou d'accepter le contrat léonin que leur impose l'armateur. La question de légalité a été portée à plusieurs reprises devant les tribunaux ; et dans un arrêt qui a servi de règle à la jurisprudence des différents pays, la Cour de Cassation française a décidé en 1877 (1), qu'aucune loi ne défend aux propriétaires de navires de stipuler qu'ils ne répondent pas des fautes du capitaine et de l'équipage, que cette convention n'est contraire ni à l'ordre public ni aux bonnes mœurs. En Allemagne (2) et en Angleterre la jurisprudence a reconnu aussi la validité de ces clauses d'irresponsabilité. La Cour suprême des États-Unis dans l'affaire du *Montana* (31 juillet 1884) (3) et le tribunal d'Anvers (22 juillet 1884) (4) se sont mis seuls en opposition avec la jurisprudence des autres pays, en déclarant les clauses d'irresponsabilité illégales et contraires à l'ordre public.

Cet état de choses appelle évidemment une réglementation, et depuis quelques années de nombreuses tentatives ont été faites dans ce but. Sur le rapport de M. Richard Lowndes, président de la Chambre

(1) Cass., 14 mars 1877, D., 77, 1, 449; 23 juillet 1877, D., 78, 1, 349.

(2) Arrêt de la Cour suprême de commerce, 1869; Ch. Le Jeune, p. 65.

(3) Ch. Le Jeune, p. 69.

(4) *Jurisprudence du port d'Anvers*, 1884, p. 270.

de commerce de Liverpool, l'*Association pour la réforme du droit des gens* a adopté en 1882 à Liverpool un modèle de connaissement, qui maintient la responsabilité de l'armateur pour les soins relatifs à la cargaison et la supprime pour les accidents de navigation. Ce projet, dont la clarté laissait à désirer, ne pouvait passer dans la pratique ; il contenait une transaction qui ne donnait satisfaction ni aux armateurs ni aux chargeurs. En Amérique la Chambre des représentants a voté une loi, présentée au Sénat le 17 février 1885, et déclarant illégale la clause du connaissement par laquelle l'armateur se décharge de la responsabilité. La *Bourse des produits* de New-York a rédigé une forme de connaissement analogue à celle de Liverpool. A la même époque, le *Times* a ouvert ses colonnes à une longue polémique entre chargeurs, armateurs, banquiers et assureurs (1) ; et le 21 juillet 1885 un groupe d'armateurs et de chargeurs (2) a adopté une nouvelle formule de connaissement : on n'accepte l'irresponsabilité qu'au cas d'échouement et de collision. La question a été soumise en Angleterre à l'autorité. La Commission royale de la marine marchande, présidée par lord Aberdeen, saisie du pro-

---

(1) Février-mars 1885 ; plus spécialement le *Times* du 10 mars 1885.

(2) Ce groupe a pris le nom de *Baltic Bill of lading Committee.* Les connaissements qu'il a rédigés ne s'appliquent qu'au commerce de la mer Noire, du Danube, de la Méditerranée et de la Baltique ; il existe une forme spéciale pour les cargaisons de grains et une autre pour les cargaisons de marchandises diverses (Ch. Le Jeune, p. 83).

blème par un groupe de négociants de la cité, a répondu qu'elle en appréciait toute l'importance (1).

La conférence de Hambourg au mois d'août dernier a examiné longuement la question. Les différentes formes de connaissement qu'on vient d'indiquer lui ont été soumises. Elle était saisie en outre d'un projet rédigé par la Chambre de Commerce de Hambourg et ayant pour base les règles de Liverpool. Après une longue discussion, le Congrès d'août 1885 a rédigé une espèce de Code d'affrètement intitulé : *Règles d'affrètement de Hambourg*. Abandonnant la distinction admise à Liverpool, et sans aller aussi loin que le projet de loi américain, la Conférence a fait une nouvelle distinction : l'armateur ne peut s'exonérer dans le connaissement de la responsabilité des fautes et négligences de ses préposés ; mais il peut s'exonérer de la responsabilité des accidents tenant à une erreur de jugement (2). Ce projet n'a point donné satisfaction au commerce (3). Il était voté le 24 août ; et le 25 août la Chambre de Commerce de Hambourg, par l'organe de son président M. Laîrs, protestait contre cette solution et déclarait sans valeur pratique la formule de connaissement qui venait d'être votée.

C'est dans ces conditions que la question du libellé des connaissements venait en discussion au Congrès d'Anvers. D'une part, les négociants demandaient

(1) Le *Times* du 10 mars 1885.

(2) Ch. Le Jeune, p. 181.

(3) Rapport à la *Société commerciale et industrielle d'Anvers*, par MM. Van Etten, Th. Engels et Ch. Le Jeune.

que l'armateur ne pût dans aucun cas s'exonérer de la responsabilité des faits de ses préposés ; et la Chambre de Commerce du Havre présentait spécialement cette proposition (1). D'autre part, les armateurs demandaient que l'exonération de la responsabilité fût permise, ou du moins que l'exonération fût permise pour les accidents de navigation, même quand ils pouvaient être attribués à la faute, à la négligence ou à l'erreur des préposés. La deuxième commission a cherché une formule de conciliation entre la demande des négociants et les prétentions des armateurs , et les précédents que l'on connaît expliquent la rédaction qu'elle a proposée : elle a demandé au Congrès de formuler le principe de la responsabilité de l'armateur, et en même temps son droit de s'exonérer de cette responsabilité, en déterminant une série de cas où cette exonération est impossible (2). Le projet de la Commission a rencontré une vive opposition de la part des représentants de l'armement ; cependant il a été accepté en principe et le texte suivant a été voté à une grande majorité : Les propriétaires de navires sont civilement responsables vis-à-vis des affréteurs et chargeurs des faits de leurs capitaines et de leurs préposés relatifs à la cargaison, à moins qu'ils ne justifient que le dommage provient de la force majeure, du vice propre de la marchandise ou de la faute de

(1) *Décision* de la Chambre de Commerce du Havre du 18 septembre 1885 ; Question du libellé des connaissements.

(2) Rapport présenté par M. Maeterlink au nom de la deuxième Commission, *Journal des intérêts maritimes d'Anvers*, 8 octobre 1885.

l'expéditeur. Il est néanmoins loisible aux parties de
déroger par des stipulations particulières à cette
responsabilité, sauf les exceptions suivantes. Il doit
être interdit aux propriétaires de navires de s'exonérer d'avance de leur responsabilité par une clause
insérée dans le contrat d'affrètement, le connaissement ou toute autre convention : (*a*) pour tous les
faits de leur capitaine ou de leurs préposés qui tendraient à compromettre le parfait état de la navigabilité des navires ; (*b*) pour tous ceux qui auraient
pour effet de causer des dommages par vice d'arrimage, défaut de soin ou incomplète délivrance des
marchandises confiées à leur garde : (*c*) pour toute
baraterie, tous faits, actes et négligences ayant le caractère de faute lourde (Projet, art. 11, al. 1-3). Pour
mitiger la rigueur de cette disposition, le Congrès
décide conformément à l'article 216 du C. comm.
français que la responsabilité des propriétaires de
navires, dérivant des faits et engagements de leurs
préposés, est limitée à la valeur du navire et du fret ;
et il peut se libérer de cette responsabilité par l'a-
bandon du navire et du fret ou de leur valeur au
moment de la poursuite (Projet, art. 11, al. 4 et 5).
Ce système donnera-t-il enfin satisfaction à la pratique commerciale et passera-t-il dans le domaine
des faits ? Les tentatives qui l'ont précédé, les
longues discussions dont il a été l'objet nous permettent de l'espérer.

Le Congrès décide ensuite qu'on ne doit point
reconnaître de solidarité entre les différents propriétaires de navires, et, prévoyant le cas d'un navire
donné en *Time charter,* c'est-à-dire remis à un ar-

mateur-affréteur, que la responsabilité du propriétaire subsiste sauf recours contre l'affréteur (Projet,
art. 12 et 13).

Capitaine. — Les règles relatives au capitaine
n'ont soulevé aucune discussion importante et le
Congrès a adopté à peu près sans débat les règles
suivantes : En principe le capitaine répond personnellement de ses fautes à l'égard du chargeur ; par
exception, il ne doit pas répondre de ses fautes nautiques, lorsque celles-ci n'ont pas le caractère du
dol et de la faute lourde ; le capitaine ne peut pas,
par des clauses inscrites dans la charte-partie ou
dans le connaissement, s'affranchir de la responsabilité qui lui incombe (Projet, art. 14).

Pour constater et garantir l'état de navigabilité
du navire, les législations ont organisé des mesures
qui varient avec les pays ; le Congrès adopte le système français de la loi du 20 janvier 1881, et décide
que le capitaine doit faire visiter son navire à des
intervalles réguliers, qui seront déterminés par
chaque législation ; le défaut de visite à l'époque
légale fait disparaître la présomption de bonne navi-
gibilité du navire (Projet, art. 15).

Connaissement. — Le Congrès, sans discussions,
a déterminé les mentions que doit contenir le
connaissement : nature, quantité et qualité des
marchandises, nom et domicile du chargeur, nom
et adresse du destinataire, nom et domicile du
capitaine, nom et tonnage du navire, lieu de
départ et de destination, prix du fret, marque et

numéro des marchandises, date et nombre des connaissements. Ces différentes mentions s'imposent
naturellement, et elles sont exigées par les usages
commerciaux et toutes les législations (C. de comm.
franç., art. 281, et loi sur le timbre du 30 mars 1872).
Bien que le projet du Congrès soit muet, dans la
pensée de ses rédacteurs, ces mentions doivent être
considérées comme essentielles (Projet, art. 16).

Conformément à la règle admise universellement,
le connaissement peut être à personne dénommée,
à ordre ou au porteur (Projet, art. 16; C. comm.
franç., art. 281, *in fine*).

Sur la force probante du connaissement, le Congrès
admet un système, qui s'écarte un peu de la doctrine
française, mais qui nous paraît très-juridique : Le
connaissement régulier établit entre le capitaine et
le chargeur une présomption excluant toute preuve
contraire, sauf le cas de dol; mais le tiers-porteur
ne peut se voir opposer par le capitaine l'exception
déduite du dol du chargeur; les tiers et notamment
les assureurs auxquels on oppose le connaissement
peuvent, même en l'absence de dol, faire la preuve
contraire (Projet, art. 16). Bien que le projet ne le
dise pas, le chargeur et le porteur du connaissement
ne pourraient point prouver contre les assureurs que
la quantité de marchandises chargées dépasse celle
énoncée au connaissement. C'est la solution admise
par la doctrine française (1).

Le Congrès n'a pas prévu le cas de désaccord entre
les divers connaissements (C. comm. franç., art. 284;

(1) Lyon-Caen et Renault, t. II, n° 1883, p. 188.

loi belge, 21 août 1870, art. 43; C. italien, 1882,
art. 550). Au cas de désaccord entre le connaissement
et la charte-partie, on donnera la préférence au connaissement (Projet, art. 10, al. 2; — Rap., C. comm.
allemand, art. 653).

Transport maritime. — Il était inutile d'indiquer
les mentions de la charte-partie; les usages commerciaux sont partout identiques, et ses énonciations
sont d'ailleurs les mêmes que celles du connaissement. Le silence du projet prouve d'ailleurs que dans
la pensée du Congrès l'affrètement peut être établi
par un moyen de preuve quelconque. Le Code français (art. 373) et le Code italien (art. 548) exigent un
écrit; la loi belge du 21 août 1870 (art. 67) et le Code
allemand (art. 558) admettent un mode de preuve
quelconque. La règle belge et allemande est évidemment la plus pratique.

D'après le Code allemand (art. 302), la charte-partie
ne peut contenir la clause à ordre et par suite ne
peut être transmise par endossement. En France et
en Belgique l'endossement de la charte-partie est
permis. Le Congrès adopte cette solution (Projet,
art. 17).

Quant aux règles admises sur les effets du contrat
de transport et sur le fret, elles diffèrent assez peu
des dispositions de notre Code (art. 286-310) et des
lois étrangères (loi belge, 1870, art. 77 et suiv.; C.
comm. allemand, art. 617 et suiv.; C. ital., 1882,
art. 682; en Angleterre, usages dits *Règles de Schef-
field*). Elles ont été votées sans discussion et nous
les résumons ainsi : Si le navire ne peut achever le

voyage commencé, le capitaine doit agir de manière
à sauvegarder le mieux possible les intérêts des
chargeurs. Si les marchandises parviennent à destination à un fret moindre que le fret convenu avec le
capitaine du navire naufragé ou déclaré innavigable,
la différence en moins est payée à ce capitaine; il
ne lui est rien dû si le nouveau fret est égal à celui
qui avait été convenu avec lui; si le nouveau fret
est supérieur, la différence en plus est supportée
par le chargeur. Aucun fret n'est dû pour les marchandises qui, après naufrage ou déclaration d'innavigabilité du navire, ne sont pas parvenues à destination. Le fret entier des marchandises arrivées à
destination est dû quel que soit leur état, et le chargeur ne peut se libérer par leur abandon. Le chargeur doit aussi le fret entier, sous déduction des
frais épargnés par le capitaine, lorsque la marchandise est vendue en cours de voyage dans l'intérêt exclusif de celle-ci. A moins de convention contraire,
le capitaine ne peut pas retenir les marchandises jusqu'au paiement du fret; on lui reconnaît seulement
le droit, pour garantir son privilège, de faire déposer
les marchandises en mains-tierces (Projet, art. 17-20).

Avaries (1). — La détermination des avaries communes et le règlement de la contribution sont deux
points qui appellent au premier chef la sollicitude
du législateur international. J'ai dit plus haut les
efforts qui ont été tentés depuis 1860 et qui ont

(1) Jacobs, *Étude sur les assurances maritimes et les avaries,* faite en vue du Congrès de droit intern. d'Anvers.

abouti aux *Règles d'York et d'Anvers*, formulées à
Anvers en 1877. Le Congrès n'a pas cru devoir énumérer en détail les avaries communes; malgré l'avis
contraire des délégués allemands et des représentants du commerce d'Anvers, il a décidé que le projet
de loi uniforme doit seulement donner une définition
générale des avaries et laisser aux parties le soin de
les énumérer dans la convention (Projet, art. 21).
Dans la pensée des membres qui ont pris cette décision, ces conventions devraient se référer habituellement aux *Règles d'York et d'Anvers*, améliorées
par la pratique commerciale (1).

Sur la nature même de l'avarie commune, les
divergences sont profondes. On peut exiger pour
qu'il y ait avarie commune que le sacrifice ait
contribué au salut du navire et de la cargaison, et
décider qu'il n'y a pas avarie commune, lorsque le
navire ou la cargaison est perdu en totalité. Tel paraît
être le système du Code français (art. 423, 425, al. 2)
et de la loi belge de 1879 (art. 111 et 113) (2). Au
contraire, on peut décider comme en Allemagne qu'il
y a avarie grosse toutes les fois que le sacrifice a pro-

(1) *J. de droit intern.*, 1877, p. 575. Ces règles énumèrent les
principaux cas d'avaries, sans donner une définition de l'avarie
grosse.

(2) Cauvet, *Traité des assurances maritimes*, n° 355. M. Lyon-
Caen enseigne qu'il y a avarie commune par cela seul que le
sacrifice a produit un résultat utile, bien que le navire ou la cargaison ait péri en totalité (t. II, n° 1951, p. 236). Cette opinion est-
elle soutenable en présence des articles 423 et 425? La solution
française paraît avoir été adoptée par le législateur italien
(C. de 1882, art. 641, 643).

duit un résultat utile, bien que le navire ou la cargaison périsse en totalité (C. comm. allemand, art. 705, interprété unanimement en ce sens). Enfin un troisième système est suivi en Angleterre et aux États-Unis ; on admet qu'il y a avarie commune, si à la suite du sacrifice le navire est sauvé, bien que son salut ne soit pas dû à ce sacrifice (1). D'autre part, on décide universellement que le sacrifice doit être fait dans l'intérêt commun ; mais la jurisprudence et la doctrine de tous les pays sont incertaines sur le point de savoir si le péril doit être imminent. Enfin les législations varient sur la question de savoir si le sacrifice rendu nécessaire par une faute du capitaine peut constituer une avarie grosse. La doctrine française (2), le Code allemand (art. 704) donnent la solution affirmative ; le Code hollandais (art. 700) et le Code italien de 1882 (art. 634, n° 10, al. 2) déclarent la faute du capitaine exclusive de l'avarie commune. Il importait que le Congrès formulât sur tous ces points des règles fixes et uniformes ; les dispositions suivantes ont été adoptées à une grande majorité : Sont avaries communes toutes dépenses extraordinaires et tous sacrifices faits volontairement pour la sécurité commune du navire et de la cargaison. Le navire ou la cargaison doit être sauvé en tout ou en partie ; il n'est pas nécessaire que l'un et l'autre le soient. Il ne suffit pas que la dépense ou le sacrifice

(1) Lyon-Caen et Renault, p. 230, note 3.
(2) Lyon-Caen et Renault, t. II, n° 1957, p. 238 ; — De Courcy, *Revue critique de législation*, 1883, p. 659. — V. cependant *contrà*, note de M. Levillain, arrêt Cass., 6 juin 1882, D., 1883, 1, 185.

soit dicté par un intérêt commun quelconque; le but
de cette mesure d'intérêt commun doit être d'échapper à un danger sans que l'imminence du danger
soit requise. Le salut doit résulter directement du
sacrifice. Les règles relatives à l'avarie commune
doivent s'appliquer même lorsque le danger, cause
primordiale du sacrifice ou de la dépense, a été
amené soit par la faute du capitaine, de l'équipage
ou d'une personne intéressée au chargement, soit
par le vice propre du navire ou de la marchandise;
le recours que donne la faute ou le vice propre doit
être indépendant du règlement de l'avarie commune
(Projet, art. 21-23).

La loi maritime uniforme doit évidemment déterminer les bases sur lesquelles se fait le règlement
d'avaries; le but à obtenir est de répartir entre tous
ceux qui en profitent, et proportionnellement au
profit, les dommages causés ou les dépenses faites
en vue du bien commun (1). Par une anomalie singulière, qui se trouve déjà dans le *Consulat de
la mer*, en France (C. comm., art. 401 et 417),
dans les pays qui ont adopté le Code français, en
Italie (Code de 1882, art. 637), le navire et le fret ne
contribuent que pour moitié de leur valeur. Cette
règle peu équitable, abandonnée en Hollande (C.
comm., art. 727), en Allemagne (C. comm., art. 718),
en Belgique (loi 21 août 1879, art. 110), n'a point trouvé
de partisans, et le Congrès a voté des dispositions

_____

(1) Jacobs, *Études sur les assurances maritimes et les avaries*,
p. 71.

analogues aux *Règles d'York et d'Anvers* (Règle x) (1).
La masse contributive doit se composer : 1° de la
valeur nette intégrale qu'auraient eue, au moment et
au lieu du déchargement, les choses sacrifiées ; 2° de
la valeur nette intégrale qu'ont au même moment et
au même lieu les choses sauvées, ainsi que du montant du dommage qui leur a été causé pour le salut
commun ; 3° du fret net à faire. (Il a été convenu
que la manière de calculer ou d'établir le fret net est
laissée aux différentes législations et aux usages.)
Les effets et loyers des gens de mer, les bagages des
passagers, les munitions de guerre et de bouche
dans la mesure nécessaire au voyage ne font pas
partie de la masse contributive (Projet, art. 24). Dans
l'hypothèse d'avaries successives, on doit régler simultanément à la fin du voyage toutes les avaries
communes ; il n'en est autrement que lorsqu'une
marchandise est embarquée ou débarquée dans un
port d'échelle, et pour cette marchandise seulement
(Projet, art. 25).

Assurances maritimes (2). — Avant la loi du
12 août 1885, notre législation sur les assurances
maritimes était singulièrement arriérée. Les rédacteurs du Code étaient partis de cette idée, déjà
adoptée par le législateur de 1681, que l'assuré peut
bien être garanti contre les pertes, mais non contre
les privations de gain. C'est pourquoi notre Code

(1) *J. de droit intern.*, 1877, p. 570.
(2) Jacobs, *Traité sur les assurances maritimes et les avaries.*

défendait l'assurance du fret à faire, du profit espéré,
de la prime de grosse (C. comm., art. 347). Ces
règles surannées ont été successivement aban-
données en Allemagne (C. comm., art. 783), en
Belgique (L. 1870, art. 108), en Italie (C. comm.,
art. 601 et 606). L'assurance du fret et du profit
est pratiquée depuis longtemps en Angleterre et en
Amérique. En France, le projet de 1865 l'autorisait
expressément, et un projet présenté en 1875 à l'As-
semblée nationale et repris au Sénat en 1876 per-
mettait cette assurance. Enfin la loi du 12 août 1885
a déclaré valable l'assurance du fret à faire, du profit
espéré, de la prime de grosse, des loyers des gens de
mer (C. comm., art. 334, 347, 386, modifiés par la loi
du 12 août 1885). Malgré cette loi, notre Code présente encore en matière d'assurance maritime bien
des imperfections et bien des lacunes.

Le système du Code de 1807 sur les choses
susceptibles d'assurance n'a trouvé au Congrès aucun
défenseur, et on a formulé le principe de l'assurance
d'une manière aussi large que possible. Toutes choses
ou valeurs estimables à prix d'argent et sujettes aux
risques de la navigation peuvent faire l'objet d'un
contrat d'assurance maritime valide (Projet, art 26).
Par l'application de ce principe, peuvent faire l'objet
d'une assurance : le navire, le fret et le prix du
passage, le chargement, le fret à faire, le bénéfice
espéré, le profit maritime, les bénéfices intermé-
diaires subordonnés à l'heureuse issue de la navigation. Le Congrès autorise même l'assurance des
loyers des gens de mer, conformément à la loi belge
de 1870 (art. 108) et à la loi française du 12 août

1885. Elle était défendue par le Code français (art. 347) ; et elle est encore prohibée en Allemagne (C. comm., art. 784) et en Italie (C. comm., art. 607, n° 1) ; en Angleterre et aux États-Unis, elle n'est permise qu'au profit du capitaine. Quoique le projet soit muet à cet égard, il est évident que le Congrès admet l'assurance des primes et la réassurance, qui sont d'un usage universel.

Le droit pour l'assureur de contester la valeur assurée et la plus-value assurée en cours de voyage est reconnu par le Congrès (Projet, art. 27, al. 1 et 2). L'assurance du profit espéré a donné lieu à quelques difficultés. Plusieurs membres, invoquant les nécessités de la pratique, demandaient que le profit espéré, déclaré séparément et agréé par l'assureur, ne pût être contesté ; mais on a repoussé cette solution ; conformément au principe général, on a décidé que l'assureur peut contester le profit assuré, bien qu'il ait été agréé, à la condition de prouver que l'évaluation excédait, à l'époque de la conclusion du contrat, le bénéfice auquel il était permis de s'attendre après une saine appréciation commerciale (Projet, art. 27, al. 3). C'est la solution généralement admise dans les pays, dont les lois permettent l'assurance du profit espéré. Le Congrès applique la même solution au cas d'assurance de la commission, du courtage ou d'autres avantages à retirer d'objets soumis à la fortune de mer (Projet, art. 27, al. 4).

De même que l'assureur peut contester la valeur assurée lorsqu'elle est supérieure à la valeur réelle, de même il peut contester la valeur assurée lorsqu'elle est moindre que la valeur réelle ; il peut ainsi échapper au paiement des avaries lorsqu'elles sont inférieures à la franchise convenue (Projet, art. 27, al. 5).

Le projet du Congrès prévoit aussi le cas où le navire assuré *à voyage* ou *à terme* diminue de valeur pendant le voyage. Après une longue discussion, la formule suivante a été adoptée : l'assureur du navire assuré au voyage ou à terme, à sa valeur au moment du départ ou au moment du commencement des risques, ne peut contester la valeur assurée à raison d'une dépréciation survenue en cours de voyage (Projet, art. 27, al. 6).

Si l'assureur peut contester la valeur assurée, il ne peut jamais être tenu au delà du montant de la somme assurée. C'est un principe universellement reconnu et reproduit dans le projet voté par le Congrès. Mais pour échapper à l'obligation de payer l'excédant des frais de sauvetage sur le produit du sauvetage et les frais d'expertise et de règlement d'avarie, il doit, dès que le sinistre parvient à sa connaissance ou avant que le sauvetage soit commencé, consentir à payer la totalité de la somme assurée (Projet, art. 31). Le Congrès édicte ainsi une sorte de peine contre l'assureur qui voudrait engager un procès téméraire. C'est la solution du Code allemand (art. 844). La jurisprudence française exige une clause formelle.

L'usage commercial a consacré l'assurance *pour compte de qui il appartiendra*. Le Congrès l'admet aussi; en cas de sinistre, celui qui réclame l'indemnité doit avant le paiement faire connaître celui pour compte de qui l'assurance a été faite et justifier de l'intérêt de celui-ci ; l'assuré porteur de la police et du connaissement est présumé avoir cet intérêt et n'a pas d'autre justification à fournir (Projet, art. 28).

Comme toutes les législations, le Congrès admet les polices à ordre et au porteur, cessibles par endossement ou tradition. Mais la vente d'une marchandise assurée entraîne-t-elle cession tacite de l'assurance ? La jurisprudence française, le Code allemand exigent une cession expresse. Le Code hollandais (art. 263) admet la cession tacite ; la loi belge de 1874 (art. 30) (1) l'admet aussi quand la prime est payée. Le Congrès édicte une disposition absolue et décide que la cession a lieu de plein droit, sans qu'il y ait à distinguer si la prime est ou n'est pas payée (Projet, art. 29, al. 1).

L'hypothèse si fréquente d'assurances multiples soulève une question extrêmement délicate. Les législations du continent décident en général que les assurances s'appliquent par ordre de date et que, si la première couvre la totalité du dommage, les autres sont sans effet (C. comm. franç., art. 359 et Projet de 1865 ; C. holl., art. 252, 253 ; C. allem., art. 701, 702 ; loi belge de 1874, art. 12 et 13 ; C. ital., art. 422). Au contraire, d'après les usages suivis en Angleterre et aux États-Unis, tous les assureurs viennent en concours, et le paiement de l'indemnité se répartit entre eux proportionnellement. Après une longue discussion, le système français a été adopté par les membres du Congrès, à l'exception des délégués an-

(1) La Loi belge de 1874 est une loi sur les assurances en général.

glais, américains, hollandais, japonais, qui ont demandé la répartition entre tous les assureurs (Projet, art. 30).

L'article 32 du projet contient une règle essentiellement juste, qui se trouve dans les polices françaises et qui est admise par la loi belge de 1879 (art. 22) et par le Code italien (art. 433) : L'assureur qui indemnise l'assuré est légalement subrogé dans tous ses droits et recours.

La section de droit maritime devait déterminer les risques dont l'assureur ne répond pas, à moins de conventions spéciales. Contrairement à l'article 350 du Code comm. franç., toutes les polices en usage portent que l'assureur ne répond pas du risque de guerre. Cette solution est votée par le Congrès ; il décide cependant que s'il survient un fait de guerre, qui modifie les conditions du voyage, l'assurance des risques de mer ne doit cesser ses effets que lorsque le navire est ancré ou amarré au premier port qu'il atteindra (Projet, art. 34). La plupart des polices exonèrent l'assureur quant au recours des tiers ; quelques-unes l'admettent au cas d'abordage (C. allem., art. 824, 825). Le Congrès repousse cette distinction et décide que, à défaut de stipulation expresse, l'assureur maritime n'a point à répondre du recours des tiers (Projet, art. 35). Nous regrettons que le Congrès n'ait pas statué sur la baraterie du patron et sur le vice propre. En fait toutes les polices contiennent une clause rendant l'assureur responsable de la baraterie (Police française, art. 1) ; au contraire, elles l'exonèrent de la responsabilité du vice propre (C. comm. franç., art. 352).

— 61 —

Le contrat d'assurance est nul, s'il est prouvé qu'à
la date du contrat l'heureuse arrivée ou le sinistre
étaient notoirement connus au lieu où se trouvait
le contractant ou son mandataire (Projet, art. 33).
C'est la conséquence logique des principes.

Enfin le Congrès a été amené à examiner, à propos
des assurances, la grosse question du délaissement ;
mais faute de temps, il a dû se borner à formuler la
règle générale. Toutes les législations admettent le
délaissement. Les polices françaises d'assurance sur
corps et sur facultés énumèrent les cas de délaissement en complétant et en rectifiant les dispositions
imparfaites de notre Code (art. 369 et 375) (1). En
Belgique (L. 1870, art. 199 et suiv.), en Allemagne
(C. comm., art. 858 et suiv.), en Italie (C. comm.,
art. 632), les lois admettent le délaissement dans
différents cas. Mais dans la pratique, on s'en réfère
toujours aux dispositions de la police. Les juristes
d'Anvers ont décidé en principe que le délaissement
doit être maintenu ; et ils ont énuméré quelques cas
de délaissement : défaut de nouvelles, prise ou arrêt
de la chose assurée, quand l'un de ces trois faits se
prolonge pendant un temps à déterminer. Le délaissement est déclaré possible au cas de perte totale de
la chose assurée, mais il est impossible au cas de perte
des trois quarts (*Contrà*, C. comm. franç., art. 369). Le
navire qui n'est pas susceptible d'être réparé est assimilé au navire perdu. Au reste, le Congrès a réservé
expressément le droit des parties de stipuler d'autres
cas de délaissement (Projet, art. 36, al. 1, 2 et 3).

(1) Lyon-Caen et Renault, t. II, n° 2182, p. 382.

Contrat à la grosse. — Le contrat à la grosse, autrefois très-répandu, est devenu de nos jours extrêmement rare ; l'emprunt fait avant le voyage n'est
plus usité ; quelques législations le prohibent même
(L. belge, 1879, art. 156 ; C. allem., art. 156 ; projet
français de 1865 ; la loi de déc. 1874 sur l'hypothèque
maritime, art. 27, al. 1, le rend pratiquement impossible en supprimant le privilège). Seul l'emprunt fait
en cours de voyage se rencontre quelquefois, et
encore tend-il chaque jour à disparaître avec la rapidité des communications. Aussi le contrat à la grosse
n'a pas spécialement attiré l'attention du Congrès.
Je me borne à résumer les solutions votées : Le droit
d'emprunter à la grosse est reconnu au propriétaire
d'un navire ou d'un chargement, conformément au
grand principe de la liberté des conventions ; cependant la loi ne doit réglementer que le prêt fait au
capitaine en cours de voyage. Le prêt à la grosse peut
avoir pour objet le navire, la cargaison et le fret conjointement avec le navire ou séparément. Le prêt à la
grosse sur un objet assuré pour sa pleine valeur a pour
effet de ristourner l'assurance à due concurrence, à
moins que l'emprunt ne soit fait en cours de voyage
pour les besoins du navire et du chargement, auquel cas la dépense qui a nécessité l'emprunt est à
la charge de l'assureur. Le prêteur à la grosse con-
tribue aux avaries, sauf convention contraire (Projet,
art. 37-40).

Abordage. — Depuis quelques années, les abordages deviennent malheureusement extrêmement
nombreux. Les questions qu'ils soulèvent étaient

donc de celles qui s'imposaient au premier chef à l'attention du Congrès. Elles ont été étudiées longuement en commission, et discutées avec soin à la section. D'ailleurs les travaux du Congrès étaient préparés par les recherches savantes de quelques-uns des membres de la Commission d'organisation (1).

Au cas d'abordage purement fortuit, toutes les législations sont d'accord pour décider que chacun supporte son dommage. Cette solution s'imposait au Congrès, et elle a été admise sans discussion (Projet, art. 41, al. 3).

Si l'abordage est fautif, les dommages sont supportés par celui qui est en faute. Cette solution est l'application du droit commun; elle est reconnue par toutes les législations, et elle est formulée par le Congrès (Projet, art. 41, al. 2). En conséquence, on décide, avec la jurisprudence française (2) et avec la loi belge (L. 1870, art. 220), que s'il y a faute commise à bord des deux navires, la masse totale du dommage est supportée par les deux navires dans la proportion qu'ont eue les fautes respectives (Projet, art. 41, al. 1). C'est encore l'application du droit commun. Cependant, cette solution a été vivement critiquée par plusieurs membres du Congrès, qui demandaient que chacun supportât son dommage. C'est la règle du Code hollandais (art. 535), du Code allemand (art. 737) et du Code italien (art. 662).

(1) Ed. Picard et Bonnevie, *De l'abordage, de l'assistance et des fins de non-recevoir*, étude préliminaire et documents.

(2) Aix, 15 décembre 1870; Cass., 15 nov. 1871, *Journal de Marseille*, 1871, 1, 78; 1874, 2, 158.

La question du dommage devient extrêmement
délicate lorsque l'abordage est *mixte* ou *douteux*,
c'est-à-dire quand il y a incertitude sur la cause de
l'abordage ou quand il est impossible de déterminer
quel est l'auteur de l'abordage. On conçoit trois
systèmes différents. Avec le législateur français (C.
comm., art. 407, al. 3), on peut décider que la masse
du dommage est supportée par moitié par chacun
des navires. On peut au contraire décider, comme en
Hollande (C. comm., art. 538), en Portugal (C.
comm., tit. X, art. 4) que la masse du dommage est
partagée proportionnellement à la valeur respective
des navires et des cargaisons. Enfin dans un troisième système, admis en Belgique (L. 1879, art. 228),
en Italie (C. comm., art. 662), en Allemagne (C.
comm., art. 737), on fait supporter à chacun la totalité de son dommage. La solution française est inad-
missible ; elle a été qualifiée à juste titre *judicium
rusticorum* ; le système hollandais contient une
dérogation au droit commun difficile à justifier.
Seule l'assimilation de l'abordage *douteux* à l'abordage fortuit est juridique ; pour obtenir réparation
d'un dommage, il faut en prouver la cause ; si cette
preuve est impossible, chacun doit supporter son
dommage. Cette solution, présentée par les première
et quatrième commissions réunies, n'a pas rencontré
d'objection sérieuse, et le Congrès a voté le texte
suivant : si l'abordage est douteux, chaque navire
supporte son dommage sans répétition (Projet, art.
41, al. 3).

Au cas d'abordage , la loi anglaise impose au capitaine, autant qu'il peut le faire sans danger pour

son propre navire, de rester à proximité de l'autre, jusqu'à ce qu'il se soit assuré qu'une plus longue assistance était inutile ; s'il ne le fait pas, il est présumé être l'auteur de l'abordage (*Merchant Schipping and passengers Act's Amendments*). Cette disposition , essentiellement équitable , a été admise à l'unanimité; mais on a laissé à chaque législateur le soin d'en fixer la sanction pénale (Projet, art. 42).

Les règles sur les fins de non-recevoir en matière d'abordage ont été discutées à la commission et au Congrès. Mais on n'a pu arriver à une solution satisfaisante et on a dû en voter l'ajournement.

Assistance maritime et sauvetage (1).—Nos lois maritimes, et c'est une lacune regrettable, ne contiennent sur cette matière aucune disposition. Dans beaucoup de pays au contraire des textes spéciaux règlent l'assistance et le sauvetage. La législation allemande (L. 27 décembre 1872), le Code norwégien (art. 83), le Code hollandais (art. 543) imposent à tout capitaine l'obligation de porter assistance aux navires en détresse. Le Congrès est entré dans cette voie; il propose d'imposer à tout capitaine , qui rencontre un navire même étranger ou ennemi en détresse, l'obligation de venir à son aide et de lui prêter toute l'assistance possible, sous la sanction de pénalités que détermineront les lois de chaque pays (Projet, art. 43). On reconnaît en même temps que

(1) Sainctelette, *Fragment d'une étude sur l'assistance maritime.*

l'assistant a droit à une indemnité, qui sera déterminée d'après le zèle déployé, les services rendus,
le temps employé, les dépenses faites, le nombre des
personnes qui sont intervenues, les dangers auxquels
elles ont été exposées. Mais les passagers dont la vie
est sauvée ne doivent pas contribuer à la rémunération spéciale de l'assistance (Projet, art. 44, al. 1 et 2).
La promesse d'indemnité, faite par un capitaine au
moment du danger, ne peut pas être regardée comme
librement consentie; aussi déclare-t-on que tout
contrat fait pendant le danger est sujet à rescision
(Projet, art. 44, al. 3). Il arrive parfois que des capitaines peu scrupuleux imposent leurs services, dans
l'unique but de s'assurer une indemnité d'assistance.
Pour éviter cet abus, le Congrès décide, comme le
législateur allemand (C. comm., art. 752), que n'a
aucun droit à l'indemnité de sauvetage ou d'assistance celui qui a imposé ses services, qui notamment
est monté sur le navire sans l'autorisation du capitaine (Projet, art. 44, al. 3).

Tel est le travail accompli par la section de droit
maritime. Malgré ses efforts, pressée par le temps,
elle n'a pu discuter et résoudre toutes les questions,
et elle a été obligée de négliger d'importantes matières : règles sur les navires, les privilèges, l'hypothèque des navires, la compétence en matière
d'abordage, les fins de non-recevoir. Aussi dans sa
dernière séance, notre section à l'unanimité a émis
le vœu que le gouvernement belge institue un
comité permanent pour coordonner les résolutions
prises, rassembler les dispositions législatives des
divers pays, et mettre ainsi le Congrès en mesure

d'arrêter dans une session ultérieure un projet défi-
nitif et général de loi internationale maritime.

Nous connaissons ainsi l'œuvre du Congrès d'Anvers. Sans doute, elle est encore incomplète, et on
ne peut se dissimuler qu'elle contient quelques imperfections. Mais si l'on considère le temps très-court
dont il pouvait disposer, on devra reconnaître qu'elle
est considérable. Toutes les questions de lettre de
change, de droit maritime, qui touchent à des nécessités urgentes, ont été sérieusement discutées et
ont reçu une solution. Ce résultat, nous le devons
surtout au travail du comité, et à la savante direc-
tion, à la fois ferme et impartiale, de nos prési-
dents.

Cependant il serait téméraire de penser que les
règles votées à Anvers seront immédiatement adoptées dans les divers pays. Quelque nécessaire qu'elle
soit, nous craignons que l'uniformité législative ne
se réalise que dans de longues années. Des causes
nombreuses s'opposent à l'unification du droit, et
parmi elles l'hésitation des juristes et des commerçants anglais n'est pas la moindre. On ne saurait
méconnaître que rien ne peut être fait de durable
dans le droit commercial et maritime international
sans le concours de la Grande-Bretagne. Or juristes
et praticiens du Royaume-Uni montrent encore un
exclusivisme qui n'est plus de notre époque : le
magistrat anglais ne conçoit pas qu'il puisse appliquer une loi étrangère ; le négociant de Londres ou

de Liverpool ne connaît et ne comprend que la
coutume britannique. Ces préoccupations étaient
déjà exprimées avant le Congrès (1) et elles se sont
fait jour à maintes reprises dans les discussions
d'Anvers. Accueilli avec faveur dans tous les pays, le
projet voté en Belgique a été en Angleterre l'objet de
critiques acerbes (2). Espérons que dans un avenir
prochain, le monde commercial de l'Angleterre,
comprenant ses vrais intérêts, abandonnera enfin
son étroit égoïsme. L'unification internationale est à
ce prix.

Il serait injuste cependant de nier que le Congrès
doive produire des résultats pratiques à peu près im-
médiats. Si nous sommes encore loin de l'adoption
d'une loi internationale sur la lettre de change et
le droit maritime, nous pouvons espérer que bientôt
s'établira dans tous les pays de l'Europe une jurisprudence uniforme sur la solution des conflits de droit
maritime. Le Congrès de droit commercial d'Anvers
y aura certainement contribué pour une large part.
Avocats, professeurs et magistrats ont compris qu'ils
devaient travailler en ce sens, et leurs efforts, nés
d'une entente commune, ne peuvent rester infruc-

(1) Barclay, *L'Angleterre au Congrès de droit international
d'Anvers* (*Bulletin de la Société de législation comparée*, juillet
1885, p. 641).

(2) Articles de la *Schipping and Mercantile Gazette* de Londres
nos 14 et 19 octobre 1885). On y critique surtout la disposition du
projet qui adopte l'application de la loi du pavillon au cas de
conflit en droit maritime. Voyez dans le *Journal des intérêts
maritimes* d'Anvers, 12 novembre 1885, une réponse où se révèle
la plume d'un homme d'affaires expérimenté.

tueux. L'établissement d'une jurisprudence uniforme
en matière de conflits de droit maritime restera
l'œuvre vraiment pratique du Congrès d'Anvers.

Au reste le Congrès n'a point considéré sa tâche
comme achevée ; il a maintenu ses pouvoirs à la
commission belge et a demandé une nouvelle con-
vocation pour travailler encore à l'unification du
droit.

Qu'il me soit permis en terminant de remercier
les membres du Congrès, et particulièrement les
membres belges de l'accueil si courtois qu'ils ont
fait au délégué de la Faculté de Caen, accueil qui
s'adressait bien moins à sa modeste personne qu'à
la savante Faculté qu'il avait l'honneur de représenter.

APPENDICE

I. — LETTRE DE CHANGE.

TITRE Ier. — DE LA LETTRE DE CHANGE ET DU BILLET A ORDRE.

PREMIÈRE SECTION. — *De la capacité.*

Art. 1er. — Est capable de s'obliger par lettre de change ou par billet à ordre quiconque est capable de s'obliger civilement ou commercialement.

2. — L'étranger incapable de s'obliger par lettre de change ou par billet à ordre, en vertu de la loi de son pays, mais capable d'après la loi du pays où il appose sa signature sur la lettre de change ou sur le billet à ordre, ne peut pas invoquer son incapacité pour se soustraire à ses obligations.

2° SECTION. — *Des lettres de change.*

§ 1. — De la nature de la lettre de change.

3. — La lettre de change est un ordre pur et simple qui doit contenir :

1° L'indication de la somme à payer ;

2° Le nom de celui qui doit payer ;

3º L'indication qu'elle doit être payée à un tiers, ou qu'elle est à ordre ou au porteur ;

4º La signature de celui qui l'a créée.

4. — L'indication du nom de celui à qui la lettre de change doit être payée peut être laissée en blanc.

La lettre de change créée à l'ordre du tireur n'est parfaite que par l'acceptation ou l'endossement.

La dénomination de « lettre de change » implique qu'elle est à ordre, à moins que le contraire ne soit indiqué.

5. — L'écrit dans lequel fait défaut une des conditions prescrites par les articles précédents, ne produit pas d'effets en vertu du droit de change.

6. — La lettre de change est datée ; elle indique l'époque et le lieu du paiement.

Si une lettre de change n'est pas datée, c'est au porteur, en cas de contestation, à établir la date. Si elle n'indique pas l'époque du paiement, elle est payable à vue. Si elle n'énonce pas le lieu, elle est payable au domicile du tiré.

Si une lettre de change est tirée à plusieurs exemplaires, elle doit l'indiquer à peine de dommages-intérêts contre le tireur.

7. — Lorsque la somme à payer est écrite en toutes lettres et en chiffres, il faut, en cas de différence, s'en tenir à la somme écrite en toutes lettres.

§ 2. — De la provision.

Système franco-belge.

8. — La provision doit être faite par le tireur, ou, si la lettre est créée pour le compte d'autrui, par le donneur d'ordre.

Système germano-italien.

8. — Les rapports entre le tireur et le tiré se règlent par le droit commun.

9. — Il y a provision quand, à l'échéance de la lettre de change, le tiré est, jusqu'à concurrence du montant de celle-ci, débiteur d'une valeur quelconque vis-à-vis du tireur ou du donneur d'ordre.

10. — Le porteur a, vis-à-vis des créanciers du tireur, un droit exclusif à la provision qui existe entre les mains du tiré, lors de l'exigibilité de la traite.

9. — La lettre de change n'emporte ni cession, ni affectation privilégiée de ce que le tiré peut devoir au tireur.

10. — L'acceptation par le tiré le libère jusqu'à due concurrence envers le tireur.

11. — Si plusieurs lettres de change ont été émises par le même tireur sur la même personne, et qu'il n'existe entre les mains du tiré qu'une provision insuffisante pour les acquitter toutes, elles sont payées de la manière suivante :

Les traites acceptées sont payées par préférence à celles qui ne le sont point.

En cas de concours entre plusieurs traites acceptées ou entre plusieurs traites non acceptées, elles sont payées au marc le franc.

§ 3. — De l'acceptation.

12. — Entre commerçants et pour dettes commerciales, le créancier a le droit, sauf convention contraire, de tirer sur son débiteur une lettre de change pour une somme qui n'excède pas le montant de la dette, et le tiré est tenu d'accepter.

13. — La présentation à l'acceptation n'est obligatoire que pour les lettres de change payables à un certain temps de vue.

Le porteur d'une lettre de change payable à un certain temps de vue doit, sous peine de perdre ses droits de recours, la présenter à l'acceptation dans le délai indiqué par la lettre ou, à défaut d'indication, dans les quatre mois de sa date, si la lettre est tirée du même continent, et dans les huit mois si elle est tirée d'un autre continent.

14. — L'acceptation doit être écrite sur la lettre de change. La simple signature apposée par le tiré sur la lettre de change vaut acceptation.

15. — L'acceptation doit être donnée dans les vingt-quatre heures ; elle ne peut être conditionnelle ; mais elle peut être restreinte quant à la somme acceptée. Le tiré peut, s'il ne s'est pas dessaisi du titre, biffer son acceptation aussi longtemps que le délai de vingt-quatre heures qui lui est accordé ci-dessus n'est pas expiré.

16. — Quand la lettre de change est payable dans un lieu autre que le domicile du tiré, celui-ci doit, à défaut d'indication de la lettre, indiquer le lieu où le paiement doit être fait.

17. — Le refus d'acceptation est constaté au domicile du tiré par un acte que l'on nomme *protêt faute d'acceptation.*

18. — Sur la notification du protêt faute d'acceptation, les endosseurs et le tireur sont respectivement tenus de donner une caution pour assurer le paiement de la lettre de change à son échéance, ou d'en effectuer le remboursement avec les frais de protêt et autres frais légitimes.

Il en est de même du donneur d'aval.

Cette caution est solidaire, mais ne garantit que les engagements de celui qui l'a fournie.

§ 4. — De l'endossement.

19. — La simple signature du porteur, mise au dos

de la lettre de change, de la copie ou de l'allonge de la lettre, vaut endossement.

20. — L'endossement transfère la propriété de la lettre de change avec toutes les garanties réelles et personnelles qui y sont attachées.

21. — Si l'endossement est postérieur à l'échéance, le tiré pourra opposer au cessionnaire les exceptions qui lui compétaient contre le propriétaire de la lettre au moment où elle est échue.

22. — Si la lettre a été endossée au profit du tireur, d'un endosseur antérieur ou même de l'accepteur, et si elle a été de nouveau endossée par eux avant l'échéance, tous les endosseurs restent néanmoins tenus vis-à-vis du porteur.

23. — L'endossement est daté; s'il n'est pas daté, c'est au porteur, en cas de contestation, à établir la date.

24. — Les mentions restrictives qu'un endosseur ajoute à l'endossement lient tous les endosseurs ultérieurs.

§ 5. — De l'aval.

25. — Le paiement d'une lettre de change, indépendamment de l'acceptation et de l'endossement, peut être garanti par aval.

Le donneur d'aval est tenu solidairement; sauf convention contraire, il assume toutes les obligations de la personne pour laquelle il s'engage.

26. — L'aval est écrit sur la lettre de change ou donné par acte séparé.

27. — La simple signature apposée par un tiers sur le *recto* de la lettre de change vaut aval.

§ 6. — De l'échéance et du paiement.

28. — Le porteur d'une lettre de change doit la pré-

senter au paiement le jour de l'échéance. Si ce jour est un jour férié légal, la présentation doit être faite la veille.

Quand la lettre est payable à vue, elle doit, à défaut d'indication spéciale, être présentée au tiré dans les six mois de sa date.

Si la lettre de change contient l'indication d'un besoin, elle ne doit lui être présentée que s'il est domicilié au même lieu que le tiré.

20. — La lettre de change doit être payée dans la monnaie qu'elle indique.

S'il s'agit d'une monnaie étrangère, le paiement peut être fait en monnaie nationale au cours du change moyen à vue de la veille de l'échéance sur la place la plus rapprochée du paiement, à moins, cependant, que le tireur n'ait prescrit formellement le paiement en monnaie étrangère.

30. — Le porteur de la lettre de change ne peut pas refuser un paiement partiel, lors même que l'acceptation a eu lieu pour le tout.

31. — Le porteur d'une lettre de change ne peut être contraint d'en recevoir le paiement avant l'échéance.

Celui qui paie une lettre de change avant son échéance est responsable de la validité du paiement.

32. — Celui qui paie une lettre de change à son échéance et sans opposition est présumé valablement libéré.

Il n'est admis d'opposition au paiement qu'en cas de perte de la lettre de change, de la faillite du porteur ou de son incapacité de recevoir.

33. — Si une lettre de change a été tirée à plusieurs exemplaires, le tiré ne se libère envers le porteur qu'en payant sur la traite qu'il a acceptée.

S'il n'y a pas eu d'acceptation, le tiré opère sa libération en payant sur le premier exemplaire qui lui est régulièrement présenté.

34. — Les juges ne peuvent accorder aucun délai pour le paiement d'une lettre de change.

§ 7. — Du protêt.

35. — Le refus total ou partiel de paiement doit être constaté par le porteur soit dans un acte nommé protêt faute de paiement, soit dans une autre forme admise par la loi du pays où la lettre de change est payable.

36. — Sauf dispositions contraires dans la loi du pays où la lettre de change est payable, le protêt doit être fait le lendemain ou le surlendemain de l'échéance.

Les jours fériés légaux ne sont pas comptés dans ce délai.

37. — La clause *sans protêt* ou *sans frais* a pour effet, à l'égard de celui qui l'a apposée et des endosseurs ultérieurs, de dispenser le porteur de l'obligation de faire protester la lettre ; elle ne prive pas le porteur du droit de faire dresser le protêt et d'exiger le remboursement des frais.

§ 8. — De l'intervention.

N° 1. — DE L'ACCEPTATION PAR INTERVENTION.

38. — Lors du protêt faute d'acceptation, la lettre de change peut être acceptée par un tiers intervenant pour l'un des signataires.

L'acceptation par intervention se fait dans la même forme que l'acceptation du tiré ; elle est, en outre, mentionnée dans l'acte de protêt ou à la suite de cet acte.

39. — L'intervenant est tenu de notifier sans délai son intervention à celui pour qui il est intervenu.

40. — Le porteur de la lettre de change conserve tous ses droits contre le tireur et les endosseurs, à raison du

défaut d'acceptation par celui sur qui la lettre était tirée, nonobstant toutes acceptations par intervention.

N° 2. — DU PAIEMENT PAR INTERVENTION.

41. — Une lettre de change protestée peut être payée par tout tiers intervenant pour l'un des signataires.

L'intervention et le paiement sont constatés dans l'acte de protêt ou à la suite de l'acte.

42. — Si le porteur refuse de recevoir le paiement offert par un intervenant, il est déchu de tout recours contre les personnes qui eussent été libérées par le paiement.

43. — Celui qui paie une lettre de change par intervention est subrogé aux droits du porteur contre la personne pour laquelle il est intervenu, les garants de cette personne et le tiré; il est tenu des obligations qui incombent au porteur quant aux formalités à remplir.

44. — Si le paiement par intervention est fait pour le compte du tireur, tous les endosseurs sont libérés.

S'il est fait pour un endosseur, tous les endosseurs ultérieurs sont libérés.

S'il y a concurrence pour le paiement d'une lettre de change par intervention, celui qui opère le plus de libérations est préféré.

Si le tiré qui n'a pas accepté consent à payer la lettre pour quelqu'un des intéressés, il est préféré à tous ceux qui offrent d'intervenir pour la même personne.

§ 9. — Des obligations et actions.

45. — Tous les signataires de la lettre de change sont tenus à la garantie solidaire envers le porteur.

Cette garantie s'étend au montant de la lettre, aux intérêts, aux frais de protêt et autres frais légitimes.

Les intérêts courent à partir du premier jour utile pour le protêt.

46. — Toute signature mise sur une lettre de change vaut pour l'engagement qu'elle implique, sans égard à la nullité de tout autre engagement ou à la fausseté de toute autre signature.

47. — Le porteur d'une lettre de change protestée peut exercer son action en garantie contre tous les signataires de la lettre ou contre chacun d'eux.

Le même droit existe pour chacun des endosseurs, contre les endosseurs antérieurs et contre le tireur.

48. — Les délais dans lesquels doit être exercé le recours en garantie, ainsi que les formalités à observer dans l'exercice de ce recours, sont déterminés par la loi du pays où l'action est intentée.

49. — Sauf le cas de force majeure, après l'expiration des délais prescrits :

Pour la présentation de la lettre de change à vue ou à un certain temps de vue ;

Pour le protêt faute de paiement ;

Pour l'exercice de l'action en garantie ;

Le porteur de la lettre de change est déchu de tous ses droits contre les endosseurs.

Les endosseurs sont également déchus, après les mêmes délais, de toute action en garantie contre leurs cédants, chacun en ce qui le concerne.

50. — La même déchéance a lieu contre le porteur et les endosseurs à l'égard du tireur lui-même ; ils ne conserveront l'action de change que contre l'accepteur.

Toutefois le tireur reste obligé pour autant qu'il se trouverait indûment enrichi au détriment du porteur et des endosseurs.

50 a. — Indépendamment des formalités prescrites pour l'exercice de l'action en garantie, le porteur d'une lettre de change protestée faute de paiement peut, en obtenant

la permission du président du tribunal de commerce, saisir conservatoirement les effets mobiliers des tireurs, accepteurs et endosseurs.

§ 10. — De la perte des lettres de change.

81. — Le propriétaire d'une lettre de change peut en exiger le paiement en vertu d'une décision du tribunal du lieu où la lettre est payable, en fournissant caution, ou bien demander le dépôt judiciaire de la somme due par le tiré.

Le tribunal appréciera la solvabilité de la caution.

L'engagement de la caution est éteint par trois ans, si, pendant ce temps, il n'y a eu ni demandes ni poursuites judiciaires.

82. — En cas de refus de paiement, le propriétaire de la lettre de change perdue conserve tous ses droits par un acte de protestation.

Cet acte doit être fait au plus tard le surlendemain de l'échéance de la lettre de change perdue.

Il doit être notifié aux tireur et endosseurs dans les formes et délais prescrits pour la notification du protêt.

Pour être valable, il ne doit pas être nécessairement précédé d'une décision judiciaire ou d'une dation de caution.

83. — Le propriétaire de la lettre de change égarée doit, pour s'en procurer une seconde, s'adresser à son endosseur immédiat, qui est tenu de lui prêter son nom et ses soins pour agir envers son propre endosseur; et ainsi, en remontant d'endosseur en endosseur, jusqu'au tireur de la lettre.

Après que le tireur aura délivré la seconde, chaque endosseur sera tenu d'y rétablir son endossement.

Le tiré qui a déjà donné son acceptation n'est pas

tenu de la rétablir et le paiement ne pourra être exigé de lui que conformément à l'art. 81.

Le propriétaire de la lettre de change égarée supportera les frais.

§ 11. — De la prescription.

84. — Toutes actions relatives aux lettres de change se prescrivent par cinq ans, à compter du dernier jour utile pour le protêt ou du jour de la dernière poursuite judiciaire, s'il n'y a eu condamnation ou si la dette n'a été reconnue par acte séparé.

Néanmoins, les débiteurs prétendus seront tenus, s'ils en sont requis, d'affirmer sous serment qu'ils ne sont plus redevables, et leurs veuves, héritiers ou ayant-cause, qu'ils estiment de bonne foi qu'il n'est plus rien dû.

La prescription, en ce qui concerne les lettres à vue ou à un certain délai de vue dont l'échéance n'a pas été fixée par la présentation, commence à partir de l'expiration du délai fixé par l'article 13 pour la présentation au tiré.

3e SECTION. — *Du billet à ordre et du billet au porteur.*

85. — Les billets à ordre doivent contenir :
1° L'indication de la somme à payer ;
2° Le nom de celui à qui le paiement doit être fait ;
3° La mention que le billet est *à ordre* ou *au porteur* ;
4° La signature de celui qui s'oblige.
86. — Toutes les dispositions concernant la lettre de change, qui ne sont pas exclues par la nature du billet à ordre ou du billet au porteur, y sont applicables.

6

TITRE II. — DES CHÈQUES ET AUTRES TITRES NÉGOCIABLES.

87. — Ces lettres de change et billets à ordre payables à vue et qui, sous la dénomination de chèques, mandats de paiement, bons, accréditifs, etc., sont créés pour régler les paiements, doivent être présentés au paiement dans les cinq jours de leur date, quand la disposition est faite de la place où elle est payable. Si la disposition est faite d'un autre lieu, le délai de présentation est de huit jours, avec augmentation d'un jour par distance de cinq cents kilomètres ; ce délai est doublé quand le trajet doit s'effectuer en tout ou en partie par voie de mer.

Pour le surplus, les chèques, mandats de paiement, bons, accréditifs, etc., sont soumis aux dispositions du titre Ier.

II. — DROIT MARITIME.

I. — CONFLIT DES LOIS MARITIMES.

Art. 1. — En cas de conflit de lois maritimes, il ne faut pas appliquer une loi générale, mais distinguer suivant les cas.

2. — En cas de contestation sur les privilèges, l'hypothèque ou le nantissement, on suivra la loi du pavillon.

3. — La loi du pavillon régit, en tous pays, les différends relatifs au navire et à la navigation, qu'ils se produisent entre les copropriétaires, entre les propriétaires et le capitaine, entre les propriétaires ou le capitaine et les gens de l'équipage.

4. — Les pouvoirs du capitaine pour pourvoir aux besoins du navire, l'hypothéquer, le vendre, contracter un emprunt à la grosse sont déterminés par la loi du pavillon, sauf à se conformer, quant à la forme des actes, soit à la loi du pavillon, soit à celle du port où il accomplit ces opérations.

5. — Le règlement des avaries se fait d'après la loi du port où se délivre la cargaison.

6. — La loi du pavillon détermine l'étendue de la responsabilité ou de la garantie du propriétaire du navire, à raison des actes du capitaine et des gens de l'équipage.

7. — A l'exception du règlement des avaries communes, pour lequel les assureurs sont censés accepter la loi qui régit les assurés, les contestations relatives au contrat d'assurance doivent être tranchées d'après la loi du pays auquel les parties ont emprunté la police.

8. — L'abordage dans les ports, fleuves et autres eaux intérieures, est réglé par la loi du lieu où il se produit.

L'abordage en mer, entre deux navires de même nationalité, est réglé par la loi nationale.

Si les navires sont de nationalité différente, chacun est obligé dans la limite de la loi de son pavillon et ne peut recevoir plus que cette loi ne lui attribue.

9. — Si l'abordage a eu lieu dans les ports, fleuves et autres eaux intérieures, on applique, quant aux fins de non recevoir et aux prescriptions, la loi du lieu où il s'est produit.

Si l'abordage a eu lieu en mer, le capitaine conserve ses droits, en réclamant dans les formes et délais prescrits par la loi de son pavillon, par celle du navire abordeur, ou par celle du premier port de relâche.

10. — L'assistance maritime dans les ports, fleuves et autres eaux intérieures est rémunérée d'après la loi du pays.

Si elle a lieu en mer, elle est rémunérée d'après la loi de l'assistant.

II. — PROJET DE LOI MARITIME UNIFORME.

Des propriétaires de navires.

11. — Les propriétaires de navires sont civilement responsables vis-à-vis des affréteurs et chargeurs, des faits de leurs capitaines et de leurs préposés relatifs à la cargaison, à moins qu'ils ne justifient que le dommage provient de la force majeure, du vice propre de la marchandise ou de la faute de l'expéditeur.

Il est néanmoins loisible aux parties de déroger par des stipulations particulières à cette responsabilité sauf les exceptions ci-après.

Il doit être interdit aux propriétaires de navires de s'exonérer d'avance de leur responsabilité par une clause insérée dans le contrat d'affrètement, le connaissement ou toute autre convention ;

A) Pour tous les faits de leurs capitaines ou de leurs préposés qui tendraient à compromettre le parfait état de navigabilité des navires.

B) Pour tous ceux qui auraient pour effet de causer des dommages par vice d'arrimage, défaut de soins, ou incomplète délivrance des marchandises confiées à leur garde.

C) Pour toute baraterie, tous faits, actes et négligences, ayant le caractère de la faute lourde.

La responsabilité des propriétaires de navires dérivant des faits et engagements de leurs préposés est limitée à la valeur du navire et du fret.

Ils peuvent se libérer de cette responsabilité par l'abandon du navire et du fret ou de leur valeur au moment de la poursuite.

12. — Sauf l'application des règles en matière de société, il n'existe point de solidarité entre les divers copropriétaires de parts de navires.

13. — La responsabilité du propriétaire subsiste même quand il a remis la possession du navire à un affréteur-armateur qui l'exploite, sauf son recours contre ce dernier.

Du capitaine.

14. — En principe, le capitaine répond personnellement de ses fautes à l'égard du chargeur. Par exception il ne doit pas répondre de ses fautes nautiques, lorsque celles-ci n'ont pas le caractère du dol ou de la faute lourde. Le capitaine ne peut pas, par des clauses inscrites dans la charte-partie ou dans le connaissement, s'affranchir de la responsabilité qui lui incombe.

15. — Une visite doit avoir lieu à des intervalles à déterminer par les législations particulières.

Le défaut de visite à l'époque légale fera disparaître la présomption de bonne navigabilité du navire.

Du connaissement.

16. — Le connaissement doit contenir l'indication de la nature et de la quantité, ainsi que les espèces des objets à transporter, indiquer le nom et le domicile du chargeur, le nom du capitaine, le nom de celui à qui l'expédition est faite, le nom et la nationalité du navire, le lieu du départ et les indications relatives à la destination, les stipulations relatives au fret, les marques et numéros des objets à transporter, le nombre des exemplaires délivrés et la date à laquelle il est signé. Le connaissement peut être ou à ordre au porteur ou à personne dénommée.

Il établit entre le capitaine et le chargeur une présomption excluant toute preuve contraire, sauf le cas de
dol; le tiers-porteur seul ne peut se voir opposer par le
capitaine l'exception déduite du dol du chargeur; les
tiers auxquels on oppose le connaissement et notamment
les assureurs doivent, même en l'absence de dol, pouvoir
faire la preuve contraire.

En cas de désaccord entre le connaissement et la
charte-partie, il y a lieu de donner la préférence au
connaissement.

Du contrat de louage ou du transport maritime.

17. — La loi ne doit pas interdire la transmissibilité de
la charte-partie par voie d'endossement.

18. — Si le navire ne peut achever le voyage commencé,
le capitaine est tenu d'agir de manière à sauvegarder le
mieux possible les intérêts du chargeur en réexpédiant
les marchandises si les circonstances le permettent.

Si les marchandises parviennent à destination à un
fret moindre que celui qui avait été convenu avec le
capitaine du navire naufragé ou déclaré innavigable, la
différence en moins entre les deux frets doit être payée
à ce capitaine. Mais il ne lui est rien dû si le nouveau
fret est égal à celui qui avait été convenu avec lui; et, si
le nouveau fret est supérieur, la différence en plus est
supportée par le chargeur.

Il n'est dû aucun fret pour les marchandises qui, après
naufrage ou déclaration d'innavigabilité du navire, ne
seront pas parvenues à destination.

19. — Le fret entier des marchandises arrivées à destination est dû, quel que soit leur état, et le chargeur ne
peut se libérer par leur abandon.

Lorsqu'une marchandise est, dans l'intérêt exclusif de

celle-ci, vendue en cours de voyage, le fret entier sera dû, sous déduction des frais épargnés par le capitaine.

20. — Le capitaine, bien qu'ayant le droit de retenir le fret par voie de compensation sur le prix de marchandises vendues, ne peut cependant, sauf convention contraire contenue dans la charte-partie, retenir les marchandises mêmes à son bord jusqu'au paiement du fret. Pour maintenir l'efficacité de son privilège, il suffit de lui reconnaître le droit de faire déposer la marchandise en mains tierces.

Des avaries.

21. — L'uniformité des lois maritimes ne peut être établie et maintenue que si ces lois se bornent à définir l'avarie commune, laissant aux parties le soin d'en énumérer les principaux cas.

Sont avaries communes, toutes dépenses extraordinaires et tous sacrifices, faits volontairement pour la sécurité commune du navire et de la cargaison.

Le navire ou la cargaison doit être sauvé en tout ou en partie, il n'est pas nécessaire que l'un et l'autre le soient.

Il ne suffit pas que la dépense ou le sacrifice soit dicté par un intérêt commun quelconque; le but de cette mesure d'intérêt commun doit être d'échapper à un danger sans que l'imminence du danger soit requise.

22. — Les règles relatives à l'avarie commune doivent s'appliquer même lorsque le danger, cause primordiale du sacrifice ou de la dépense, a été amené soit par la faute du capitaine, de l'équipage ou d'une personne intéressée au chargement, soit par le vice propre du navire ou de la marchandise. Le recours que donne la faute ou le vice propre doit être indépendant du règlement de l'avarie commune.

23. — Il importe que le salut, au lieu de procéder directement du sacrifice, se produise par suite de circonstances indépendantes.

24. — La masse contributive doit se composer :

1° De la valeur nette intégrale qu'auraient eue, au moment et au lieu du déchargement, les choses sacrifiées ;

2° De la valeur nette intégrale qu'ont, aux mêmes lieu et moment, les choses sauvées, ainsi que du montant du dommage qui leur a été causé pour le salut commun.

3° Du fret net à faire.

Les effets et loyers des gens de mer, les bagages des passagers, les munitions de guerre et de bouche dans la mesure nécessaire au voyage, bien que remboursés par contribution, le cas échéant, ne font pas partie de la masse contributive.

25. — Les objets successivement sacrifiés, ou plutôt les indemnités dues à leurs propriétaires, étant grevées d'obligations réciproques, les indemnités relatives au second sinistre pour avoir été sauvées par le premier sacrifice, celles relatives au premier sinistre pour l'avoir été par le second sacrifice, il faut régler simultanément, à la fin du voyage, toutes les avaries communes.

Il n'en est autrement que lorsqu'une marchandise est débarquée ou embarquée à un port d'échelle, et pour cette marchandise seulement.

Des assurances maritimes.

26. — Toutes choses ou valeurs, estimables à prix d'argent et sujettes aux risques de la navigation, doivent pouvoir faire l'objet d'un contrat d'assurance maritime valide.

27. — L'assurance étant un contrat d'indemnité, l'assureur doit pouvoir, nonobstant toute stipulation contraire, et même en l'absence de fraude, contester la valeur que le contrat d'assurance attribue à l'objet assuré au lieu et au moment du départ. Il doit pouvoir contester aussi la réalité de la plus-value assurée en cours de voyage.

Si la valeur de l'objet assuré a été agréée par lui, la preuve contraire lui incombe.

Si le profit espéré a été agréé, l'assureur, en cas de contestation, devra justifier que l'évaluation excédait, à l'époque de la conclusion du contrat, le bénéfice auquel il était permis de s'attendre après une saine appréciation commerciale.

La même solution s'applique en cas d'assurance de la commission, du courtage ou d'autres avantages à retirer d'objets soumis aux fortunes de mer.

L'assureur peut aussi contester la valeur agréée, si elle est moindre que la valeur réelle, afin d'échapper à l'obligation de payer : 1° l'avarie commune; 2° l'avarie particulière si le montant des dommages mis en rapport avec la valeur réelle n'atteint pas la franchise convenue.

L'assureur du navire assuré au voyage ou à terme, à sa valeur au moment du départ ou au moment du commencement des risques, ne peut contester la valeur assurée à raison d'une dépréciation survenue en cours de voyage.

28. — L'assurance pour compte de qui il appartiendra doit être validée, que l'assuré ait ou n'ait pas mandat du véritable intéressé, et sans que l'assuré doive, en contractant, déclarer s'il a ou n'a pas mandat.

En cas de sinistre, celui qui réclame l'indemnité doit, préalablement au paiement de l'indemnité, faire connaître celui pour compte de qui l'assurance a été faite et justifier de l'intérêt de celui-ci.

L'assuré, porteur de la police et du connaissement, est

présumé avoir cet intérêt et n'a pas d'autre justification à fournir.

20. — L'aliénation de la chose assurée doit, en l'absence de stipulation contraire inscrite dans la police ou dans l'acte d'aliénation, entraîner *ipso facto* la cession de l'assurance, sans qu'il faille distinguer entre la période pour laquelle la prime était payée au moment de la cession et la période ultérieure.

L'assureur reste affranchi des aggravations de risques qui seraient la conséquence de l'aliénation.

Il n'y a pas lieu de distinguer entre les polices à ordre ou au porteur et les polices cessibles d'après les règles du droit commun.

30. — Les assurances multiples faites sans fraude sur les mêmes choses et contre les mêmes risques, par les mêmes intéressés, agissant en personne ou par mandataires doivent s'appliquer par ordre de dates.

L'assurance postérieure, faite par l'intéressé ou son mandataire, doit primer l'assurance antérieure, faite dans son intérêt par un tiers sans mandat, même si l'intéressé a ratifié cette première assurance après avoir conclu la seconde. Il n'en doit être autrement que si, en ratifiant la première assurance, l'intéressé a annulé ou postposé la seconde.

31. — L'assureur ne peut, y eût-il même plusieurs sinistres successifs, être tenu au-delà de la somme assurée ; mais, à moins de convention contraire, s'il veut ne pas être exposé à payer, outre la somme assurée, l'excédant des frais de sauvetage sur le produit du sauvetage, ainsi que des frais d'expertise et de règlement d'avarie, il doit, dès que le sinistre parvient à sa connaissance ou avant que le sauvetage soit commencé, consentir à payer la totalité de la somme assurée.

32. — L'assureur qui indemnise l'assuré doit être légalement subrogé dans tous ses droits et recours. L'assuré

no peut par son fait porter atteinte aux droits de l'assureur.

33. — L'annulation de l'assurance doit être prononcée s'il est prouvé que, à la date du contrat, l'heureuse arrivée ou le sinistre étaient notoirement connus au lieu où se trouvait le contractant ou son mandataire.

34. — A moins de stipulation contraire, l'assurance maritime doit ne pas comprendre les risques de guerre, mais s'il survient un fait de guerre qui modifie les conditions du voyage, l'assurance des risques de mer doit ne cesser ses effets que lorsque le navire est ancré ou amarré au premier port qu'il atteindra.

35. — A défaut de stipulation expresse, l'assureur maritime ne doit, comme l'assureur terrestre, être responsable que du dommage éprouvé par les objets assurés et des frais faits pour leur conservation, sans avoir à répondre des recours des tiers.

36. — Le droit de délaisser, consacré par l'usage, doit être maintenu en cas de défaut de nouvelles, de prise ou d'arrêt de la chose assurée, quand l'un de ces trois faits se prolonge pendant une durée à déterminer par la loi; il doit aussi être maintenu en cas de perte totale de la chose assurée, mais non en cas de perte aux trois quarts.

Le navire qui n'est pas susceptible d'être réparé, est assimilé au navire perdu.

Les parties restent libres de stipuler d'autres cas de délaissement.

Du contrat à la grosse.

37. — Le respect de la liberté des conventions commande de laisser au propriétaire d'un navire ou d'un chargement la faculté d'emprunter à la grosse, mais, quand la loi admet l'hypothèque maritime et le prêt sur connaissement, il n'y a plus de motif de réglementer

légalement le prêt à la grosse fait au propriétaire, ni de lui accorder un privilège.

La loi ne doit se préoccuper que du prêt fait au capitaine en cours de voyage.

38. — Le fret doit pouvoir isolément aussi bien que conjointement avec le navire, servir d'aliment à un prêt à la grosse.

39. — Le prêt à la grosse sur un objet assuré pour sa pleine valeur doit avoir pour effet de ⸱tourner l'assurance, à due concurrence, à moins que l⸱ ⸱prunt ne soit fait en cours de voyage pour les besoins ⸱ ⸱avire et du chargement, auquel cas la dépense qui ⸱ nécessité l'emprunt est à la charge de l'assureur.

40. — Le prêteur à la grosse doit contribuer aux avaries communes, sauf convention contraire.

De l'abordage.

41. — En cas d'abordage de navires, s'il y a eu faut⸱ commise à bord des deux navires, il est fait masse des dommages, lesquels sont supportés par les deux navires, dans la proportion de la gravité qu'ont eue les fautes respectivement constatées comme cause de l'évènement.

Si l'abordage a été causé par une faute commise à bord d'un seul navire, le dommage est supporté entièrement par lui.

Si l'abordage est fortuit ou douteux, chaque navire supporte son dommage sans répétition.

42. — Dans chaque cas de collision entre deux navires, il est du devoir du capitaine ou de toute personne ayant charge du navire, et pour autant qu'il le peut sans danger pour son navire, son équipage ou ses passagers, de rester à proximité de l'autre navire jusqu'à ce qu'il se soit assuré qu'une plus longue assistance était inutile, et de donner à ce navire, son capitaine, son équipage et ses

passagers, tous les secours possibles et utiles pour les sauver de tout danger résultant de l'abordage.

A défaut de se conformer à ces prescriptions, le capitaine ou toute autre personne ayant charge du navire sera, sauf la preuve du contraire, présumée avoir provoqué l'abordage par fausse manœuvre, négligence ou défaut de soins. Il sera, en outre, passible des pénalités à comminer par la loi de son pays.

De l'assistance et du sauvetage.

43. — Le capitaine qui rencontre un navire, même étranger ou ennemi, en détresse, doit venir à son aide et lui prêter toute l'assistance possible, sous des pénalités à comminer par la loi de son pays.

44. — L'indemnité d'assistance ou de sauvetage doit être déterminée surtout en prenant pour base les circonstances suivantes : le zèle déployé, le temps employé, les services rendus aux navires, aux personnes et aux choses, les dépenses faites, le nombre des personnes qui sont intervenues activement, le danger auquel ces personnes ont été exposées, le danger qui menaçait le navire, les personnes ou les choses sauvées, enfin la valeur dernière des objets sauvés, déduction faite des frais.

Les passagers, dont la vie a été sauvée, ne doivent pas contribuer à la rémunération spéciale d'assistance.

Tout contrat fait durant le danger est sujet à rescision.

N'a aucun droit à l'indemnité du sauvetage ou d'assistance, celui qui a imposé ses services, qui notamment est monté sur le navire sans l'autorisation du capitaine présent.

INDEX.

—

Caen.—Imp. F. LE BLANC-HARDEL, H. DELESQUES, succr.

116

www.ingramcontent.com/pod-product-compliance
Lightning Source LLC
Chambersburg PA
CBHW060623200326
41521CB00007B/876